感知航空

——用双手触摸航空梦想

杨烜 编著

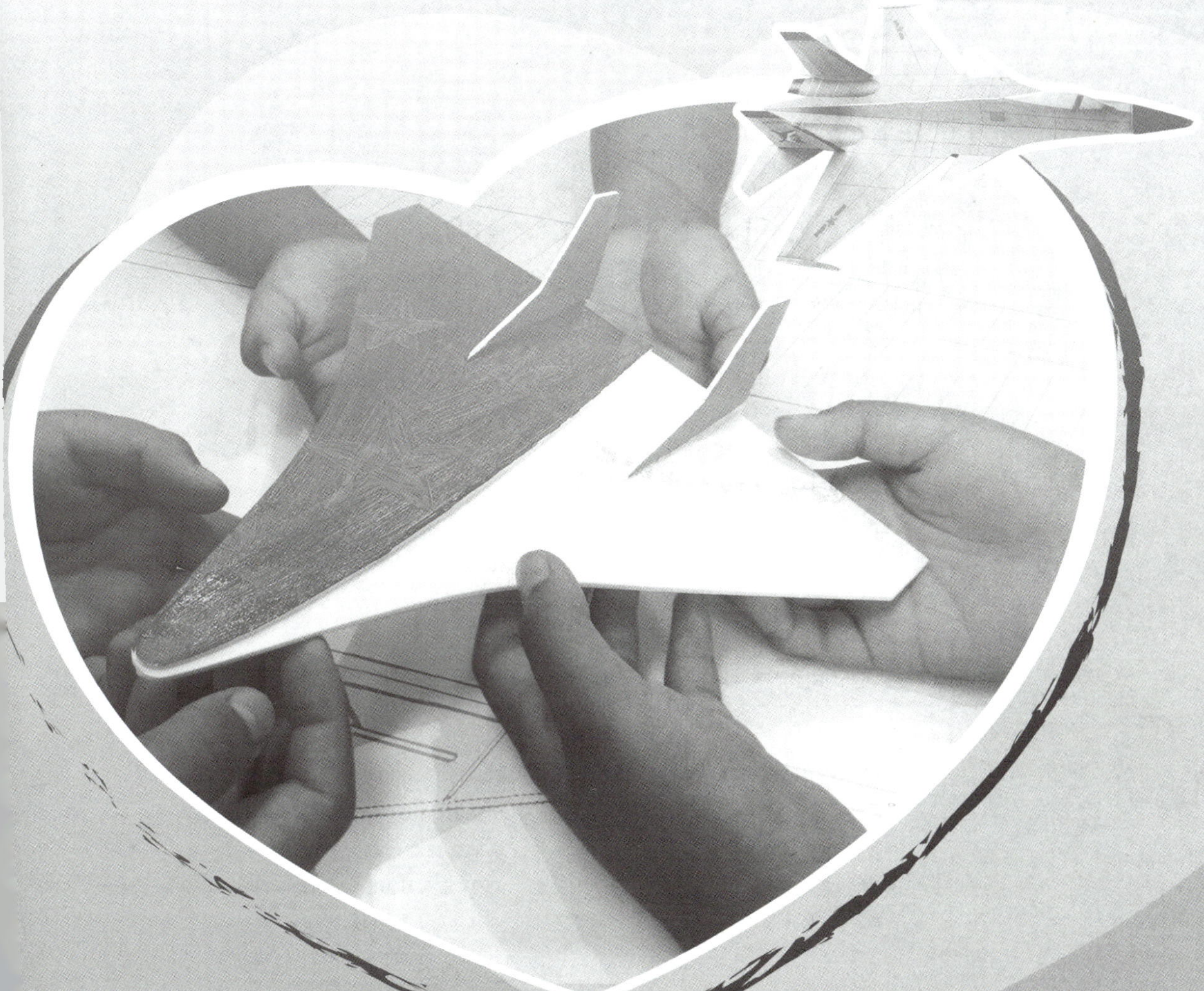

航空工业出版社

北京

内容提要

本书以风筝、"火龙出水"、竹蜻蜓、孔明灯等中国古代的航空发明开篇，向读者展示了航空先驱们为实现人类飞行之梦的努力，以及中国的歼5、歼6、强5、歼15、AG600等机型及其背后的故事，对民用航空、未来航空生活和航空科普在校园进行了简要介绍，并设置了简单、有趣的航空模型制作。全书语言生动、图文并茂。

本书可供中小学生，以及其他对航空、飞行、航空模型制作感兴趣的读者阅读；也可作为航空科普活动的教材使用。

图书在版编目（CIP）数据

感知航空：用双手触摸航空梦想 / 杨烜编著．——北京：航空工业出版社，2019.9（2021.7重印）
（青少年航空研学科普丛书）
ISBN 978-7-5165-2008-6

Ⅰ．①感… Ⅱ．①杨… Ⅲ．①航空—青少年读物 Ⅳ．① V2-49

中国版本图书馆 CIP 数据核字（2019）第 185820 号

感知航空——用双手触摸航空梦想
Ganzhi Hangkong——Yong Shuangshou Chumo Hangkong Mengxiang

航空工业出版社出版发行
（北京市朝阳区京顺路5号曙光大厦C座四层　100028）
发行部电话：010-85672663　010-85672683

三河市双升印务有限公司印刷	全国各地新华书店经售
2019年9月第1版	2021年7月第2次印刷
开本：787×1092　1/16	字　数：151千字
印张：7.25	定　价：42.00元

丛书序

习近平总书记指出，科技创新、科学普及是实现创新发展的两翼，要把科学普及放在与科技创新同等重要的位置。党的十九大报告中也强调，弘扬科学精神，普及科学知识。

中国航空事业的发展需要全社会的支持，普及航空知识，培育航空文化，营造良好的社会氛围，是航空人的重要责任。广大青少年是中国航空发展的未来，将青少年航空科普纳入到航空文化普及的活动中，从青少年开始加大航空人才培养力度，对于推动航空科技、航空文化的传承与创新，加强青少年国防、军事教育等均具有重要意义。

值此中国航空事业110周年之际，中航出版传媒有限责任公司出版了"青少年航空研学科普丛书"，针对小学高年级至高中阶段学生不同的年龄特点，由浅到深，动脑、动手并举，让读者从各个角度认识航空、走近航空、学习航空知识。

丛书包含《感知航空——用双手触摸航空梦想》《探索航空——飞行原理探究与实验》《体验航空——航空模型制作与放飞》《发现航空——航空文明探究与思考》四册。丛书从有趣的古今中外的航空故事、形形色色飞行器的辨识，到飞行原理探究、飞机的稳定性与操纵，从飞机在战争中的重要作用、空中力量的战略地位、航空先驱的探索精神和爱国主义情怀，到民用航空造福人类、未来航空科技发展等，为读者提供了全面了解和学习航空科普知识的素材。

丛书配套了大量的航空模型制作活动，由浅到深，由理论到实践，由简易到进阶，让广大读者在实践中感受科学，在制作中体会快乐，在飞行中播种"航空梦"。

希望"青少年航空研学科普丛书"能启发读者对航空、对科学的兴趣，助力青少年航空梦想的落地、生根、发芽和壮大。更期望同广大读者一起见证和分享航空事业的进步，同时越来越多的青少年成为中国航空事业的主力军，为建设航空强国而奋斗！

中航文化有限公司总经理

2019 年 9 月

目 录

第一章 / 祖先留给我们的"翅膀"

第一节 风筝的遐想　　　　　　　　2

第二节 火箭穿越战争与和平　　　　7

第三节 飞向世界的竹蜻蜓　　　　　12

第四节 孔明灯　　　　　　　　　　14

第二章 / 航空先驱的努力

第一节 飞鸟的诱惑　　　　　　　　16

第二节 航空先驱,伟大贡献　　　　18

第三节 简易滑翔机制作　　　　　　23

第三章 / 飞机和背后的故事

第一节 战功卓著的歼 5　　　　　　30

第二节 超过声速的歼 6　　　　　　36

第三节 中国传奇强 5　　　　　　　42

第四节 初教 6 情怀　　　　　　　　48

第五节 歼 10 的生日,院士的生日　52

第六节 铁血歼 15　　　　　　　　　58

第七节 隐身战斗机看得见吗?　　　66

第八节 飞向世界的"枭龙"　　　　70

第九节　轰 6 巡航　　　　　　　　74

　　第十节　水上蛟龙——"鲲龙"　　75

第四章 / 厉害了，无人机

　　第一节　什么是无人机　　　　　　78

　　第二节　无人机？航模？玩具？　　82

第五章 / 民航知识小百科

　　第一节　图解民航飞机　　　　　　86

　　第二节　图解民航机场　　　　　　88

　　第三节　乘机体验　　　　　　　　91

　　第四节　安全救生常识　　　　　　93

第六章 / 畅想未来航空生活

　　第一节　未来民航客机　　　　　　96

　　第二节　未来个人航空出行　　　　99

　　第三节　未来航空快递　　　　　　100

第七章 / 航空科普在校园

后　记

第一章
祖先留给我们的"翅膀"

第一章 祖先留给我们的"翅膀"

风筝是世界公认的由中国人发明的人类第一种飞行器，除此之外，中国人还发明了：孔明灯，轻于空气的飞行器；火箭，不依赖空气的动力飞行器；竹蜻蜓，现代螺旋桨和直升机的鼻祖。就是说，中国人发明了重于空气的飞行器和轻于空气的飞行器，而且还在一定程度上解决了飞行的动力问题。这些发明对近代航空科技的进展产生了深远的影响，为人类的飞行梦想插上了真实的翅膀。

然而，在1903年美国莱特兄弟发明飞机的时候，我们的国家却处于贫穷、落后甚至愚昧的境地。直到新中国成立后，我们才开始奋起直追，我们的航空工业和科技水平从望尘莫及，到望其项背，到今天的并驾齐驱甚至在某些方面还领先一步。

下面就让我们回望中国古代，用古人的视角和思维，并利用我们现代的知识和手段，体会这些发明的伟大之处。

第一节 风筝的遐想

在发明风筝之前，相传两千多年前的春秋战国时期，出现了木鸢。《墨子·鲁问》记载："墨子为木鸢，三年而成，蜚（古义同飞）一日而败。公输子削竹木以为鹊，成而飞之，三日不下。"大概意思是墨子花费三年时间做了个木头老鹰，飞了一天坏了，鲁班削竹子做了一个喜鹊，做成后试飞，竟三天不落。从这一段简单的文字记载我们不难发现，当时风筝的雏形形似飞鸟，主要用

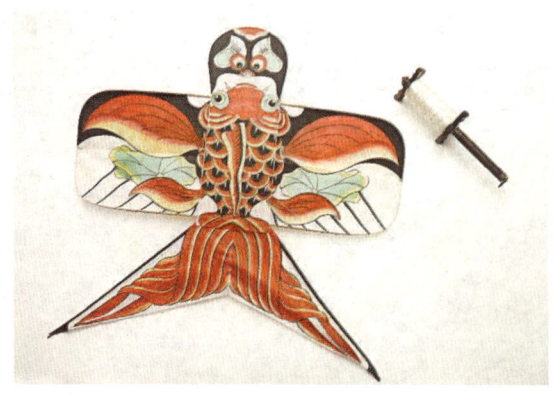

彩绘风筝

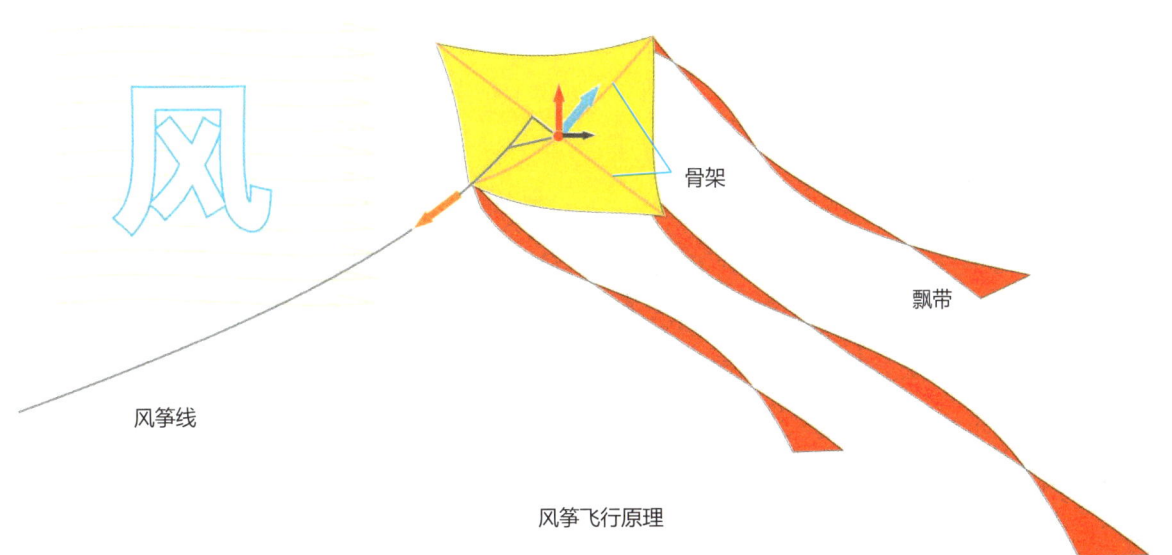

风筝飞行原理

竹木材料制成，至于飞行方式是像风筝一样的系留方式还是像滑翔机一样，书中并未提及，记载的飞行数据也只有大概的飞行时长，飞行高度和距离等都没有记载。

真正的风筝，则是在东汉蔡伦改进造纸术后，木鸢改为用纸糊制，称作"纸鸢"。五代时期，有人在纸鸢头上装上竹笛，空中飞翔时风入竹笛，发出类似筝鸣声，由此得名"风筝"。

风筝能够飞起来，是因为在绳索的拖曳下，风筝与空气之间产生相对运动，气流在经过风筝的上下表面时速度不同，进而产生了升力，使风筝飞了起来，从产生升力的原理上来看与现代飞机一致，这也是为什么风筝被称为人类最早的"航空器"的原因。

下面就让我们亲自动手做一个简单的风筝，体会一下放飞的乐趣。也许你会在这个过程中发现很多问题，然后我们一起针对问题进行不断改进，使它飞得更高、更稳定。

简易风筝制作

取轻质纸或尼龙绸裁成500毫米×500毫米正方形，制作两根1毫米×2毫米的竹篾，或者用更先进的碳纤维片（可以再细一

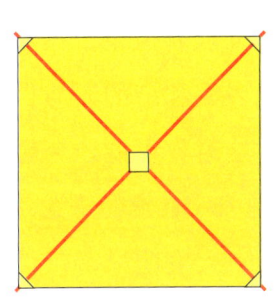 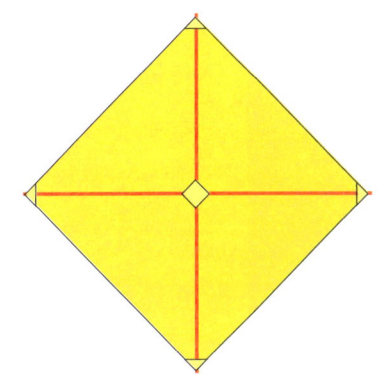 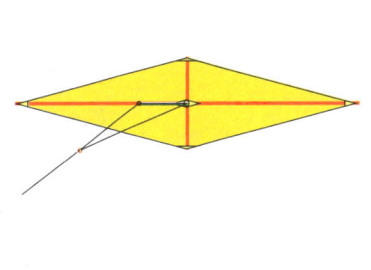

些），长度通过测量或计算并两边留出一些余量，应该是720毫米左右，用胶交叉粘在正方形上，四角和中心可以再粘一层进行加固，这样风筝的主体就做好了。

这时我们面临两种选择，是以正方形的一条边作为风筝的头还是以正方形的一个角作为风筝的头呢？通过对比我们不难发现，如果以正方形的一条边作为风筝头，固定风筝线时就会出现困难，风筝线要固定在蓝线两端，一端我们可以系在风筝骨架的交叉点，另一端就只能固定在没有骨架的软面上了，这样肯定不会坚固。而以正方形的一个角作为风筝头，风筝线的固定问题就很好解决了，可以简单地系在风筝骨架上。而且，对比两个图我们可以发现，以角为头的风筝的宽度，以边为头的风筝大了许多，这是有利于风筝飞行的。

我们选择有骨架的一面为上面，把风筝线如图系在风筝骨架上，并从下面引出，风筝的主体完成了。这时如果你拉着线挥舞，风筝就会飘飘然振翅欲飞。但这时候的飞行极不稳定，速度稍快就经常会翻滚。解决这个问题的方法就是，在除风筝头之外的三个角上粘上长的飘带，尾巴上的飘带可以长一些，两边稍短，至于具体长度，你可以自己慢慢摸索，但只要增加了飘带，风筝的稳定程度马上就会有显著提升。

还有一个增加风筝飞行稳定性的办法，就是用一根线把风筝的横梁拉弯并固定，使风筝下部呈弧形，这样也有助于提高风筝的飞行性能。

放风筝必须要有风，微风比较合适，风太大容易损坏风筝，风太小风筝不容易飞起来。风小时可以拉着风筝线逆风奔跑，以提高风筝和空气的相对速度，或者频繁快拉慢放风筝线，使风筝在风小时也能慢慢飞升。

做风筝是个细致活儿，放风筝是个体力活儿，而且需要有一定的经验积累才能慢慢得心应手，所以放风筝又被当作一项修身养性的体育运动，广受大家喜爱而流传四方。

在我们介绍的这个最简单的风筝的基础上，你可以改进工艺、材料、形状和控制方法，并使用漂亮的色彩和图案装饰风筝。可以想象，在一个云淡风轻的日子里，渐渐飞升离你远去的风筝，通过一根细线传回高空风的问候。你驾驭着风筝，在天空画下美妙色彩，这是多么和谐的人与自然交流的浪漫图景啊！这时你可能还会想到，风筝除了带给我们这安宁惬意的感觉，它还能有什么用处呢？古人发明风筝仅仅

第一章 祖先留给我们的"翅膀"

是为了好玩儿吗?他们有没有尝试用风筝做些更有意义的事情呢?

关于风筝有大量富有神奇色彩的民间传说,官方的文字记载却往往是只言片语,由于风筝材料的原因,也没有风筝文物的出现。既然这样,我们可以用古人的视角和思维猜想一下风筝的应用场景的合理性和局限性。

首先我们想到的是,在战争环境下可以利用风筝传递信息。

第一种,传递实物信息,如书信、图形或印信等。这个风筝当然可以做到,只要传递的东西不大不重,风筝起飞后飘过敌人防线,到达己方控制区域后,剪断风筝线,风筝就带着传递的物品飘落下来,于是消息传递成功。

这种方法应该成功过,但所需条件很多。首先,需要有风和正确的风向;第二,距离不能太远;第三,敌方不知道风筝是送信的而我方知道;第四,我方可以确认传递的信息不是敌人伪造的;第五,信息只是单向的,我方收到信息后无法及时回复。基于以上几点,风筝送信的实用性就很小了。所以,民间就有关于某位王爷被围城后用风筝送信求救,然而风筝被敌人缴获而泄露机密,最后导致全军覆没的故事。

第二种,利用风筝色彩、数量组成密码信息。这个风筝当然也能做到,只不过这种方式传递的信息过于简单,并且同样受上述条件限制,所以我们有理由认为这种应用可能性也不大。

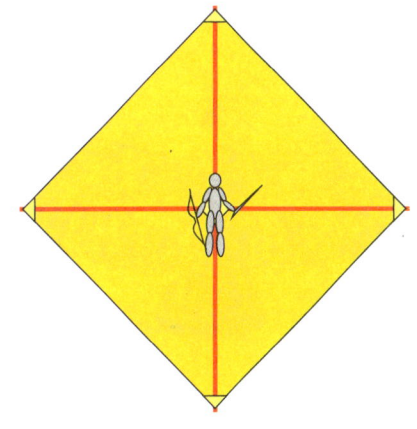

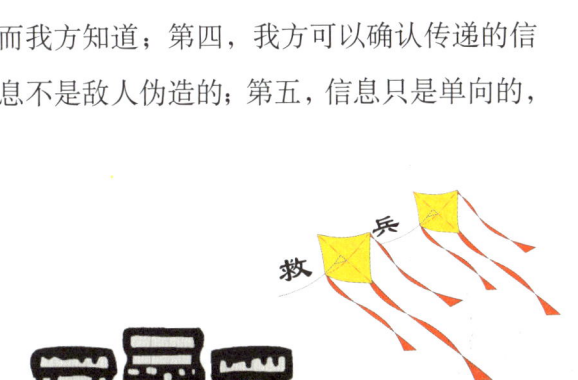

当然,我们可以更大胆一些想象,做个大风筝,找一个勇敢、忠诚而身材小巧的士兵趴在风筝上,既可以在高空观察敌方阵地部署情况,又可以从天上向下射箭或扔下火种直接攻击敌人。这种异想天开的想法看上去挺酷,但即便人们选材精细,制作精良,能制造出翼展十几米的大风筝,士兵飞上天后要忍受剧烈的摆动带来的惊恐与不适,战斗力基本丧失殆尽,何况还要面对敌人弓箭的攻击,而战果却是微乎其微,所以利用风

等"神兵天降"的可能性也只能流于传说了。

关于风筝应用的遐想似乎有些悲凉，我们毕竟不是古人，也不知道古人当时的详细状况，也许当时早就有更好的办法解决我们设想的那些问题。或许风筝就真如传说中那么神奇，只是我们不知道。

随着商旅交流、文明的碰撞，风筝飞向了全世界，形状、功能和玩法也派生了许多分支。在风筝的故乡中国，风筝被做得越来越精美，而流传到外国的风筝却在世界范围内，掀起了一场世纪性的轩然大波。

中国的风筝对世界范围内的航空先驱都产生了深远的影响：

盘鹰风筝

乔治·凯利——空气动力学先驱

奥托·李林达尔——滑翔机先驱

莱特兄弟——第一架飞机的制造者

……

到了航空业如此发达的今天，风筝并没有销声匿迹，反而在世界各地不断地丰富和繁盛起来。如今，盘鹰风筝可以像真的老鹰一样在人的控制下盘旋飞舞，双线运动风筝可以在人的控制下做出令人眼花缭乱的动作，由新材料制成的巨型风筝装点着盛会的天空。在一些常年大风的地区，人们正在考虑用风筝这种"绿色环保飞行器"代替卫星或无人机进行监控和中继站工作。

中国古代发明的风筝，在当时的认知和科技水平下，可能没有创造太多直接的实际价值，就像许多伟大的数学公式，在几十甚至几百年后才得到了真正的使用和发挥作用。风筝给我们留下更多的是创新和探索的精神，它给人类植入了向往自由飞翔的基因，给我们插上了想象的翅膀。

第二节 火箭穿越战争与和平

火箭是中国古代的重大发明之一，但在古代中国"火箭"一词最初指的是把火种捆绑在弓箭前部，用于远程放火和杀伤的一种武器，并不是我们理解的现代意义的火箭。

唐朝时期发明火药以后，宋朝军官造出了世界上第一个以火药为动力的飞行兵器——火箭。这种火箭由传统弓箭箭身捆绑厚纸卷成的装满火药的药筒，前端封死，后端引出导火绳，点燃后火药燃烧产生的气体向后喷出，以气体的反作用力把火箭推向前，起到增加射程的作用，飞行中杀伤敌兵。这种最原始的火箭在工作原理上与现代火箭没有什么不同。

明朝时期的火箭继承了宋、金、元火箭技术，并将其发扬光大。明朝军队对火箭进行改进和创新。火箭武器装备在骑兵、步兵、水军等常备军中。制造火药和火箭武器的机构由内臣掌握，禁止泄露技术机密，京外卫

明朝的火箭

所不得擅自制造。

明朝发明了一种叫"神火飞鸦"的火箭武器，以火箭驱动一个飞鸟状的滑翔机，借助火箭推力和翅膀的升力增加射程，飞到敌人阵地后爆炸，杀伤敌人或引发火情。这种极富创造意义的航空武器被现代人仿制并试飞成功，不同于常规的弹道火箭武器，它具有很强的滑翔能力。与现在的火箭助推滑翔机的原理别无二致。

明朝还制造了世界上最早的二级火箭——"火龙出水"。明朝书籍《武备志》中绘有"火龙出水"图。该火箭在发射时，先点燃头尾两侧的4支大火箭，推动"火龙"在距水面三四尺（1尺≈0.33米）高度飞行，如火龙出于水面，该火箭飞行距离可达三四里（1里=0.5千米）。4支火箭燃烧将尽时，引线引燃龙腹内的小火箭，由龙口飞出，飞向目标，可使敌方"人船俱焚"。

但据记载，无论是"火龙出水"，还是"神火飞鸦"，在战场表现都不是很好。主要是精度太低，射程太近，威力也比较小。戚继光《练兵实纪》就有类似的抱怨，后来这些新武器就很少使用了，以致其制造技术

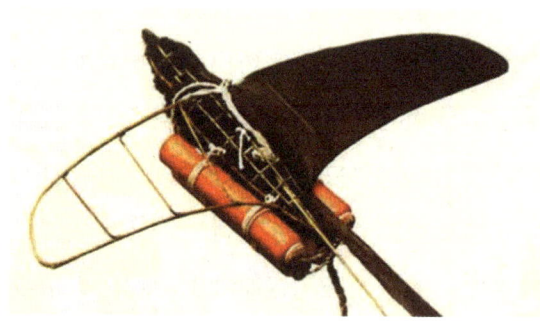

神火飞鸦复制模型

现代遥控火箭滑翔机

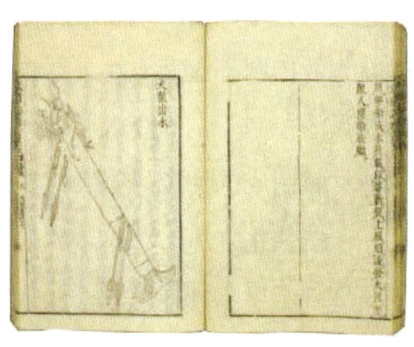

"火龙出水"的4枚火箭的推力不可能完全一致，这就会导致其在飞行中发生偏转，致使航程变短，方向无法保证

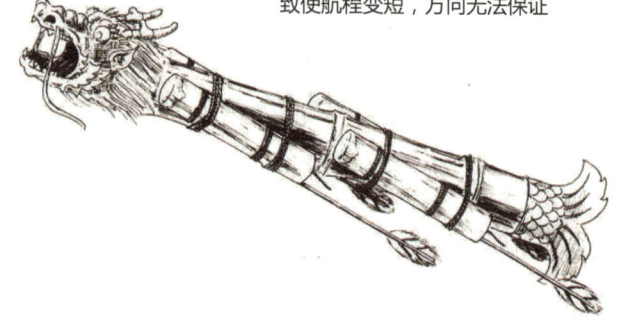

和样品都没有流传下来。

让我们的思绪回到当时的战场,以当时人们的认知和科技水平,第一次看到一大片喷着火舌拖着长长烟迹的"神器"呼啸着扑面而来时,大多数军官和士兵的战斗意识基本瓦解,他们会以为是和一支有神仙相助的军队在作战,这时战斗的胜负已经不言而喻了。其实这就是先进武器的震慑和阻吓作用。但如果这些先进武器并不能造成实际的杀伤力,之后就人们就不再害怕了。这也是明朝"火龙出水"和"神火飞鸦"取得过实战胜利,但后来很快走向没落的原因。

在明朝还发生了一件具有伟大意义的事件,那就是万户的火箭载人飞行试验。万户有可能不是人名而是当时的官名,他把数十枚火箭绑在椅子上,自己手持两把大扇子(另一说法是风筝)坐在椅子上并绑好,他希望用火箭的推力使自己飞升起来。然而试验失败了,火箭点火后发生了爆炸,万户死亡。这是有记载的为载人飞行试验牺牲的第一人。

后来有人评论说,万户是一个不懂科学、蛮干而白白断送了个人性命的例子。笔者认为这样的言论是是对科学的亵渎。首先,当时没有这方面的科学技术,其次,从万户的飞行准备工作可以看出,他料想到飞行中可能会出现的一些不安定因素,所以把自己绑在椅子上,并试图用扇子保持飞行平衡。在

"万户"飞行示意图

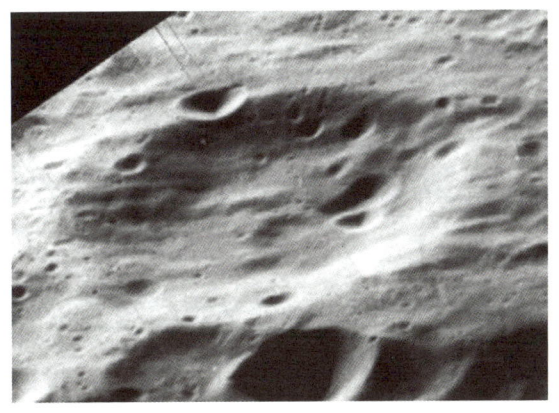

命名为"万户"的月球环形山

明朝,火药和火箭属于被政府管制的军用物资,万户当然知道这里面的危险成分,但他还是义无反顾地开始了大胆的尝试,唯一遗憾的是,他对试验的危险估计不足。这至少说明他是一个执着、勇敢和富有探索精神的人,是一个值得尊敬的人。

在20世纪70年代的一次国际天文联合会上,月球上一座环形山被命名为"万户",以纪念"第一个试图利用火箭飞行的人"。这是国际科学界给历史上做出杰出贡献的研究人员的最高荣誉之一。

这里说明一点，在古代人们并不知道地球被大气层包围，而大气层外面没有空气，当时的火箭只不过是实现动力飞行的一种动力装置，所以从现代的观点来看，把古代的火箭直接定义为航天器并不是十分科学，当时以火箭作为动力的一系列武器和实验应该属于航空范畴。火箭被用于航天事业，是近几十年的事情。

气动纸火箭制作

下面我们来制作一枚气动纸火箭及其发射装置，体验和想象一下火箭发射的壮观场面。

取一根直径 16 毫米的 PVC 管，用 A4 纸卷一个纸筒，使其套在 PVC 管上后可以轻松滑动，但两者的间隙不宜过大，然后把纸筒的边粘好。

火箭的尾翼可以做成自己喜欢的样子，但要注意留出粘口部分以便把尾翼结实地粘在火箭上，可以把火箭尾部四等分做好标记，这样尾翼容易粘得准确且对称。如果尾翼粘歪了，火箭飞起来就会旋转或摇摆，所以粘

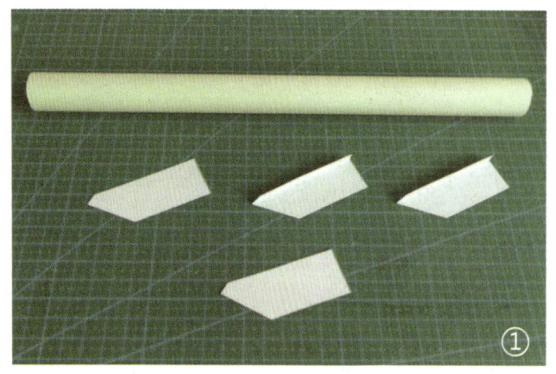
①

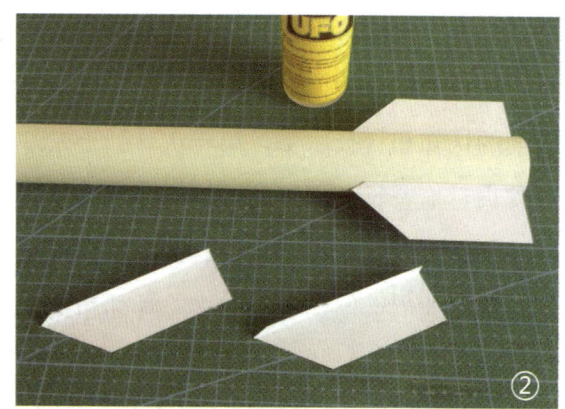
②

③

④

⑤

第一章 祖先留给我们的"翅膀"

尾翼时一定要仔细。

火箭的头部可以用泡沫塑料块制作。也可以用更容易加工的发泡包装材料制作，先把材料底部加工成比火箭内径略大的圆筒，把它塞进火箭约10毫米，然后用锋利的美工刀像削铅笔那样慢慢加工出火箭的头部，注意火箭头部不要太尖。然后用胶带把连接部分缠紧，用嘴吹一下，不漏气即可，这时可以把一段卫生纸团成纸团，从火箭尾部塞进火箭，并使其固定在火箭头部，这样可使火箭的重心稍微靠前一些，飞行会更稳定。这样，气动纸火箭就制作完成了。

接着，我们来制作气动纸火箭的发射装置。找一个塑料可乐瓶，大小均可，瓶盖打一个直径16毫米的孔，插进一段PVC管子，用热熔胶上下封好粘牢，盖回瓶子并拧紧。在PVC管上套上1米多的软管，软管的另一端接一根长200毫米的PVC管做的发射管，各个接头处封牢不漏气。

各部分检查完毕，把纸火箭套在发射管上，五、四、三、二、一，发射！这时用力踩可乐瓶，一股强大的气流就会把纸火箭快速推向天空。可以比一比谁的火箭飞得更高、更远。

同样的道理，我们也可以制作气动纸火箭滑翔机。

气动纸火箭滑翔机

第三节 飞向世界的竹蜻蜓

中国古代玩具"竹蜻蜓"作为旋翼机的"鼻祖",更准确地说,应该是现代飞机螺旋桨的"鼻祖",在公元4世纪中国东晋时期葛洪所著的《抱朴子》中就有过记载:"或用枣心木为飞车,以牛革结环剑,以引其机,或存念作五蛇六龙三牛、交罡而乘之,上升四十里,名为太清……"

从原理上来说,现代旋翼机的旋翼就像竹蜻蜓的叶片,而旋翼轴就像竹蜻蜓的那根细竹棍,带动旋翼的发动机就像我们用力搓竹棍的手,竹蜻蜓与现代飞机螺旋桨或直升机产生升力的原理是一致的。从这一角度来讲,竹蜻蜓比达·芬奇的"飞行螺钉"更贴近现代的直升机。

不能否认的是,达·芬奇手稿中的"飞行螺钉"是可查的最早的旋翼机详细设计图,但后续的研究者更多地参考了竹蜻蜓,原因

飞机的螺旋桨

显而易见,竹蜻蜓飞起来了,而且看起来也更靠谱一些。

从这里不难看出,相比达·芬奇图文并茂的说明,由于语言的变迁和社会的发展,我们记录下来的文字读起来似懂非懂,不如达·芬奇的图纸直观、清晰。所以,本书尽可能地用图片、图纸或模型来展示我们要表达的内容。

英国航空先驱乔治·凯利,也是一名竹

蜻蜓爱好者，他在1796年仿制和改造了竹蜻蜓作为其旋翼机的理论原型，设计了一架用发条作动力的旋翼机。所以，兴趣和爱好往往是最好的老师。

竹蜻蜓制作

下面我们就来制作一个竹蜻蜓，有以下两种方法。

1. **传统方法**：取一个轻质木条，长150毫米、宽20毫米、高10毫米。在中心钻直径3毫米的孔，两边桨叶用刀削出约15度的角度，用砂纸打磨平整光滑，然后将直径3毫米的竹棍插入中心孔，固定。

2. **快捷方法**：我们知道，竹蜻蜓的叶片就是螺旋桨，那就干脆买一个现成的螺旋桨，然后在螺旋桨的中心孔内固定竹杆就可以了。这样做最快，因为不是每一个制作环节都要我们自己动手制作，节省下来的时间我们可以干更有意义的事情。

放飞竹蜻蜓是一件简单而又充满欢乐的事情，只要按照正确的方向用双手快速搓动竹蜻蜓的杆，待它旋转起来的瞬间双手分开，竹蜻蜓就会飘飘悠悠地飞上天空，然后又旋转着缓缓飘落下来。

在欢乐之余你可能会想：原来直升机竟是如此简单，做一个大尺寸的竹蜻蜓不就是直升机嘛？

这样想可就大错特错了，就算是一个

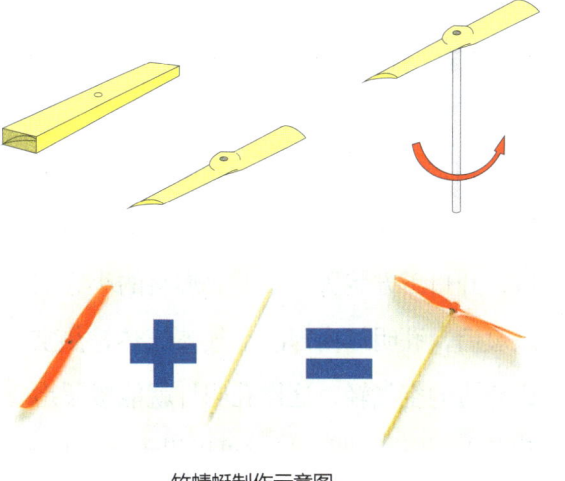

竹蜻蜓制作示意图

模型直升机

中国AC313直升机

小型的玩具直升机，它的旋翼与轴之间都不是固定的，旋翼的角度是可变的，而且还要有尾桨来帮助克服旋翼转动时产生的反扭力矩，还要控制整个直升机的平衡与运动，以及其他复杂的情况。

如果对直升机感兴趣，可以自行查阅相关的资料。

第四节 孔明灯

相传孔明灯是三国时期诸葛亮发明的，用细竹篾作为骨架，外面糊上薄纸，下方开口，开口下方装置一个盛放燃料的小容器。点燃后，孔明灯内部的空气被加热，热空气比旁边的空气轻，这样孔明灯就能缓缓地飞升起来。传说孔明灯当时可以用于传递信息，应用于战争，后多用于民间娱乐和寄托情感。可以说，孔明灯是现代热气球和和浮空器的鼻祖。

蒙哥尔费兄弟制作的热气球

现代孔明灯

法国的蒙哥尔费兄弟按照同样的原理，制造了一个更大的热气球，而且是载人的，在1783年实现了第一次升空。

蒙哥尔费兄弟制成了一个直径约11米的热气球。1783年6月，他们当众进行了首次热气球升空展示：在热气球下方点火，当热气球里充满了燃烧产生的烟和热气时，8个人向下拉住它。松手后，它就上升了近200米高，并在空中停留了10多分钟，飘飞的距离超过了1英里（约1.6千米），之后才缓缓降落下来。

热气球升空的消息传到巴黎，引起了法国科技爱好者的极大兴趣。蒙哥尔费兄弟应邀向巴黎科学院展示了他们的成果，并去首都进行表演。1783年9月19日，法国国王路易十六携王后亲率大批官员来到凡尔赛广场，观看热气球表演，十多万巴黎市民闻讯后也涌入广场。

古代中国有关航空的发明还有很多，这里就不一一细数了，在惊叹祖先的伟大发明之余，我们不禁心生感激，感谢祖先留给我们的"翅膀"。

第二章
航空先驱的努力

第二章 航空先驱的努力

航空先驱的伟大，不仅在于他们取得的成就，更重要的是他们敢为人先、不惧嘲讽的科学态度，在黑暗中摸索并积累经验，有的甚至付出生命的代价。在现代人眼中，航空先驱们制造的大量实验性飞行器，大多都是简陋不堪、千奇百怪，有些甚至滑稽可笑，但正是这些伟大先驱们的不懈努力和追求，才有了我们今天世界航空科技的巨大进步和繁荣。

第一节 飞鸟的诱惑

人类对飞行的渴望，可以说直接来自于飞鸟的诱惑。所以早期的航空先驱们大多都是从研究并模仿鸟类飞行开始他们的飞行梦想的。早期众多的扑翼飞机就是例证。

然而，鸟类的飞行是一个非常高效而又复杂、精确的过程，分为扑翼和滑翔两种飞行形式。扑翼飞行时，翅膀既产生向上的升力又产生向前的动力，同时还要及时准确地修正飞行姿态，翅膀的面积、弯度、扭曲和瞬时速度时刻都在随气流的变化而发生改变。同时，飞鸟的尾巴也实时地改变着面积、角度和扭曲，以使飞行更稳定和灵巧。飞鸟的每根羽毛，既是保持形状和产生动力的基础，同时还是精确的气流传感器。即便飞鸟滑翔飞行时，看似和飞机差不多，但感受到气流的微细变化，飞鸟也会做出精细的微调，

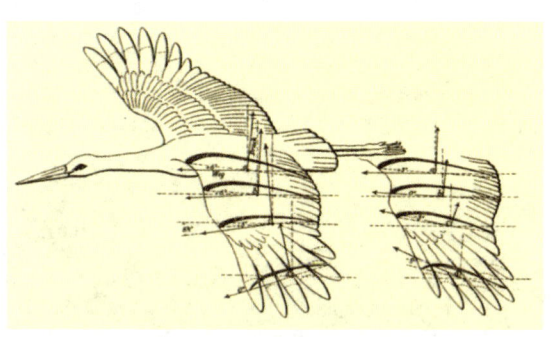

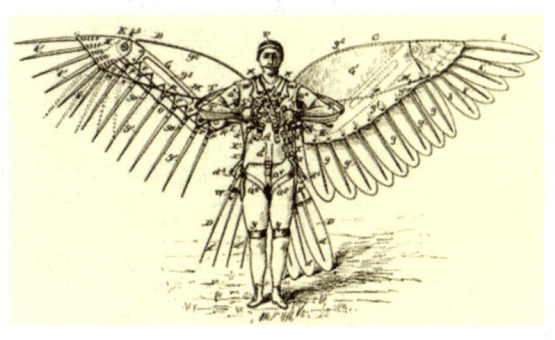

鸟类翅膀剖面和人力扑翼飞行研究示意图

使飞行更高效。白头海雕翼尖上的几根大的羽毛，能根据气流的变化不断调整，使飞行的阻力减至最小，飞机的翼梢小翼就是模仿鸟类翼尖羽毛原理做出来的，只不过飞机的翼梢小翼是固定不动的。

以人类当时的观察记录手段，很难发现鸟类扑翼飞行的秘密，而当时的制造技术和材料技术也不足以为制造强大而精准的扑翼提供支持，所以后人的研究方向就转移到鸟的滑翔方式。

下面我们就用 A4 纸折叠一个有趣的小飞鸟，这个"小飞鸟"不会越飞越高，但当你从高处把它掷出时，它会自己扑动翅膀缓

德国科学家发明了一种"机器鸟"，可以自主地上下扇动翅膀飞行，"机器鸟"由碳纤维材料制成，质量仅 450 克

缓地向前飞行。可别小瞧它，就是这个简单的折纸玩具，试飞时也不一定能一次成功啊。

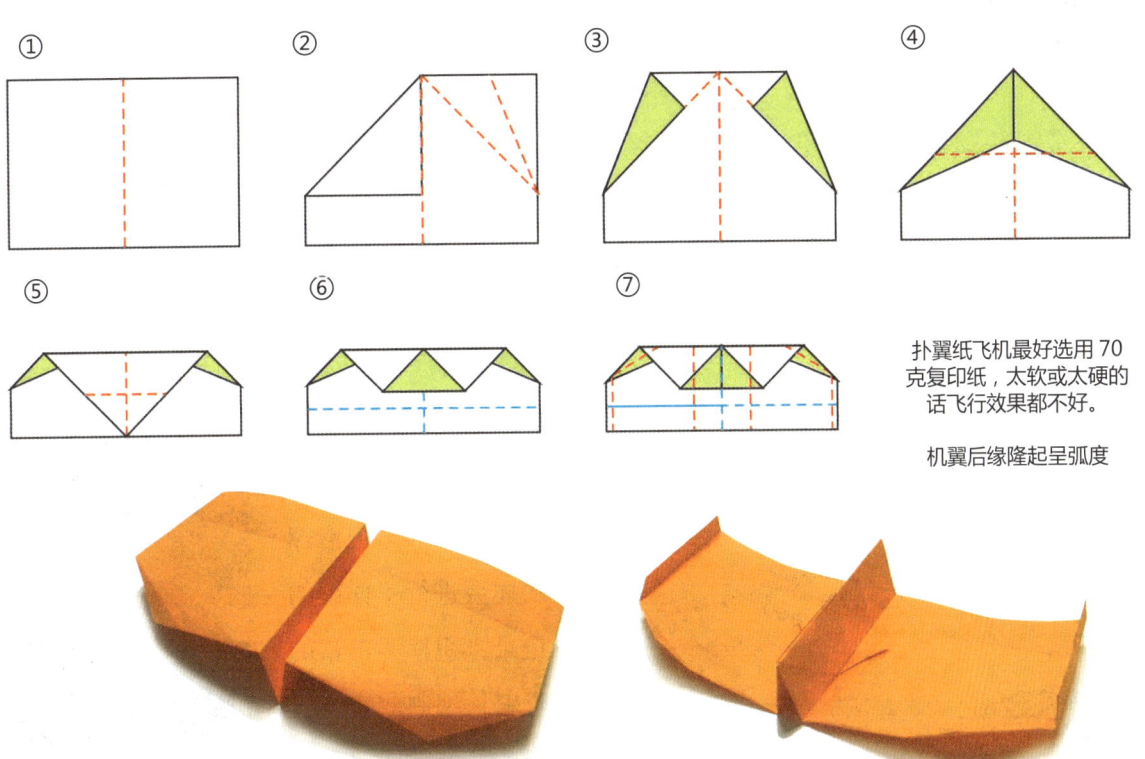

扑翼纸飞机最好选用 70 克复印纸，太软或太硬的话飞行效果都不好。

机翼后缘隆起呈弧度

"小飞鸟"折法示意图

第二节 航空先驱，伟大贡献

每一位航空先驱，无论成败都值得我们尊敬和怀念。这里我们仅介绍以下几位，从他们身上我们会发现许多闪光的东西。

乔治·凯利

乔治·凯利

乔治·凯利，1773年12月27日出生于英国，接受了良好的教育。1783年，10岁的凯利亲眼见证了法国第一次载人气球飞行，这在他幼小的心灵中播下了飞天的种子。凯利仔细观察和研究鸟的飞行，并制作和试飞了扑翼模型滑翔机。后来，凯利开始研究鱼与流线型的关系，成功地制造出航空史上第一架全尺寸滑翔机并进行了试飞。

1809年，他在《自然哲学》杂志发表了题为"关于空中的航行"的文章，这被后人视为航空学说的起跑线。

在1849年，凯利实现了人类历史上第一次载人滑翔机系留牵引飞行。1853年，凯利又研制了一架滑翔机，进行了历史上第一次有人乘坐的重于空气的航空器升空自由飞行。

奥托·李林达尔

李林达尔，德国工程师和滑翔飞行家，最早设计和制造出了实用的滑翔机。一生进行过2000多次滑翔飞行试验，为人类翱翔蓝天做出了卓越贡献，被称为"世界滑翔机之父"。

1889年，李林达尔写成著名的《鸟类飞行——航空的基础》一书，论述了鸟类飞行的特点。1891年，他制成一架蝙蝠状的弓形翼滑翔机，成功地进行了滑翔飞行，飞行距离超过30米。此后，又制造了多架不同型别的单翼和双翼滑翔机。他在柏林附近的试飞场地进行了2000多次的滑翔飞行试验。他还把滑翔的体会进行了详细的记录，积累了丰富的资料，编制成空气压力数据表，还著有《飞

乔治·凯利的滑翔机进行试飞

奥托·李林达尔

第二章 航空先驱的努力

李林达尔单翼滑翔机

李林达尔双翼滑翔机

翔中的实际试验》等书。李林达尔计划在充分掌握稳定操纵后,在滑翔机上安装蒸汽机实现动力飞行,但此愿望未能实现,1896年他在一次飞行试验中失事牺牲。

塞缪尔·兰利

塞缪尔·兰利,美国天文学家、飞行先驱,1834年8月22日生于马萨诸塞州洛克斯布里,1906年2月22日卒于南卡罗莱纳州艾肯。兰利虽然从未上过大学,但他是一位靠顽强毅力自学成才的学者,有足够的能力从事天文学、航空学相关工作。

1896年,兰利制造了一架带动力的模型飞机。该模型飞到了150米的高度,飞行留空时间近3小时。这是历史上第一次重于空气的动力飞行器实现了稳定持续的飞行,在世界航空史上具有重大意义。

塞缪尔·兰利

1903年10月7日,为美国陆军和海军研制的"空中旅行者"进行首次飞行试验,这架飞机采用了前后串置的机翼布局,以内燃机为动力,采用弹射方式起飞。但当弹射装置将飞机弹出时,飞机却一个"倒栽葱"掉在了河里,飞行员死里逃生。1914年,兰利去世8年后,他的最后一架飞机安装了功率更大的发动机,飞行成功了。

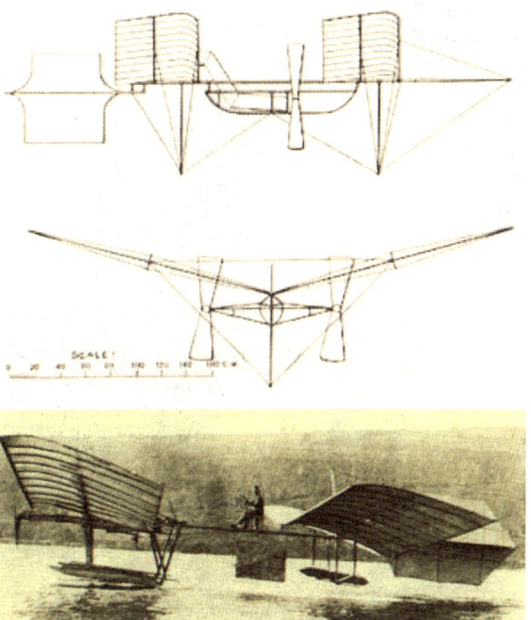

兰利飞机水上试飞

莱特兄弟

在莱特兄弟小的时候，有一次父亲给他们带回来一个风筝，从此他们便对飞行产生了浓厚的兴趣。兄弟两人于1892年开了一个自行车修理店，并开始了飞机的研制。

莱特兄弟试验和发明飞机的过程，简直就是从风筝到滑翔机再到动力载人飞机过程的完美演绎。首先，他们把当时的翼型升力理论与风筝结合，制造出升力更大的风筝，一层升力不够就再加一层，然后以放风筝的方式研究机翼的扭动对飞机的控制，他们的第一次载人滑翔试验就是用马拉滑翔机以放风筝方式起飞进行的。

双翼"风筝"滑翔机系留试验

双翼"风筝"滑翔机舵面操纵试验

双翼"风筝"滑翔机载入操纵试验

莱特兄弟

"飞行者"1号起飞

第二章 航空先驱的努力

从 1900 年起，三年间他们制造了 3 架滑翔机并进行了 1000 多次滑翔飞行，还自制了 200 多个不同的机翼进行了上千次风洞试验。他们的滑翔机多次滑翔距离均超过 1000 米。从 1903 年夏季开始，他们开始制造"飞行者"1 号双翼机。

1903 年 12 月 17 日清晨，空旷的场地上冷冷清清，到现场观看的只有 5 个人。10 时 35 分，一切准备就绪。为了能够率先登机试飞，兄弟俩决定以掷硬币的方式确定谁先登机，结果弟弟奥维尔赢了。

奥维尔爬上"飞行者"1 号的下机翼，俯卧于操纵杆后面的位置上，手中紧紧握着木制操纵杆，哥哥威尔伯则开动发动机并推动它滑行。几秒钟后便在自身动力的推动下缓缓滑出，在飞机达到一定速度后，离地飞上了天空。虽然"飞行者"1 号飞得很不平稳，但是它毕竟在空中飞行了 12 秒共 36.5 米，才落在沙滩上。当天的最后一次飞行中，威

经过改进后，飞行员可以坐着驾驶飞机了

尔伯在 30 千米 / 时的风速下，飞行 59 秒，260 米。人们梦寐以求的载人空中持续动力飞行终于成功了！

莱特兄弟的成功，是航空先驱们的成功，幸运的接力棒在各种航空科技、理论、材料趋于成熟的一刻交到了莱特兄弟的手上，而他们自己的努力与坚持，最终让他们摘得航空发展历史上那一颗璀璨的明珠。

莱特兄弟的载人动力飞行的成功具有划时代的意义，从此人类真正进入了伟大的飞行时代，地球变小了。

冯如——中国航空之父

中国古代发明的风筝，在当时的认知和科技水平下，可能没有创造太多直接的实际价值，但风筝留给我们更多的是创新和探索的精神，它给中国人植入了向往自由飞翔的基因，给我们插上了想象的翅膀。

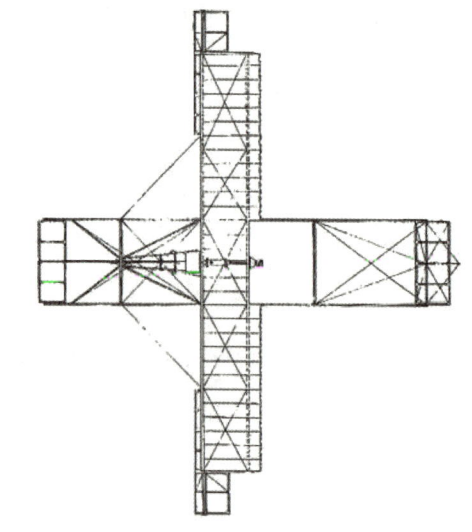

冯如（1884.1—1912.8），生于广东恩平的一个贫农家庭。他从小就喜欢制作风筝和车船等玩具。12岁的冯如随父漂洋过海到美国谋生。为了改变中国贫穷落后面貌，他刻苦学习机械等科学知识。后来成为中国第一位飞机设计师、制造师和飞行家。

冯如

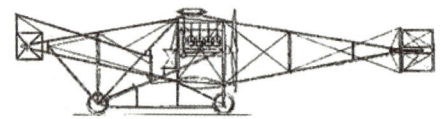

冯如飞机三视图

在20世纪初，各国航空先驱们如火如荼研制飞机的时候，身在美国的冯如也不甘落后，在当地华侨的赞助下，他投入到了飞机制造，并亲自试飞获得成功，获得美国国际航空学会颁发的甲等飞行员证书，大长了中国人的志气。

冯如的飞机，在一般人眼中和莱特兄弟的"飞行者"号看似一样，有人甚至说它是莱特兄弟飞机的仿制品，但如果仔细研究冯如飞机的三视图后就会发现，冯如的飞机有很多创新之处。首先，冯如飞机有了轮式起落架，这可以让飞机在简易的机场起落；还有，

冯如在飞机的两翼之间外侧各增加了一个可控制的水平安定面，尾部也增加了一个水平安定面。这些改进都大大提高了飞机的性能，使得冯如飞机一度打破当时的飞行纪录。

后来，已经声名远扬的冯如谢绝了多个外国公司的重金聘请，毅然带着飞机回到祖国，并参加革命。1911年，辛亥革命广州光复，冯如被革命当局任命为陆军飞机长。冯如积极为革命军组织飞机侦察队，协助革命军攻打清军。1912年8月25日，在广州燕塘飞行表演中飞机失事，冯如不幸牺牲，后被追授为陆军少将，遗体安葬在黄花岗，并立碑纪念，被尊为"中国首创飞行大家"。

2009年，中国航空百年暨空军建军60周年之际，中国空军授予冯如"中国航空之父"的称号。

第三节 简易滑翔机制作

经过100多年的研究和探索，如今的航空科技水平已经日新月异，飞机从飞行速度、高度和可靠性、经济性等各个方面都有了多次质的飞跃。最初的双翼机或多翼机逐步演变成单翼飞机，原来趴在机翼的飞行员如今坐进了舒适的密闭座舱，木材、帆布和绳索制造飞机的工艺早已由金属和复合材料代替，大量的航空电子设备的出现减轻了飞行员的负担。

早期航空先驱们的飞行，不得不说带有一定的冒险色彩，而现在，飞行是一项体面的职业，是人们的一种生活方式，更是热爱生活、热爱科学的人们的一种享受。

现代高级滑翔机

由于各种条件的限制，我们可能没有机会驾驶真的飞机翱翔天际，这时制作一个航空模型是不错的选择。

我们将学习一系列简单的模型飞机制作方法和案例，相信你也会在这些方法的基础上有所创新，制作出你自己钟爱的模型飞机。

"雪燕"手掷滑翔机制作

下面我们开始制作"雪燕"手掷滑翔机，这种简单的滑翔机是用一种2毫米厚的轻质发泡材料"魔术板"制作的。你可以参照照片上的图样自己设计，也可以使用现成的套材制作。此处的制作方法讲解，以套材为例。

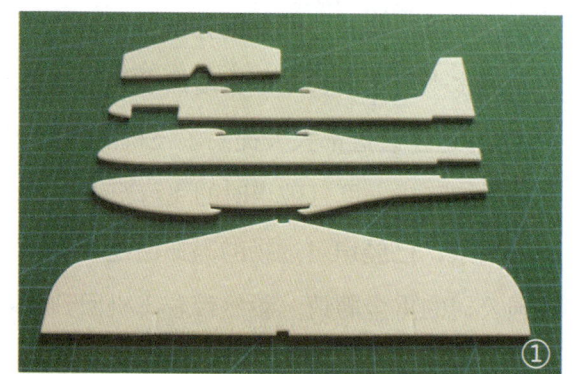

首先，把飞机的各个部件从打切好的魔术板上拆下来，如果发现有变形扭曲的部件一定要预先矫正平整。在开始涂胶粘接之前，有一个重要的步骤叫做"预安装"，也叫"假装"或"假组"，就是在不涂胶的情况下，把各个部件按要求拼装一遍，以便搞明白各个部件之间的相对位置关系。把三个机身部件拼在一起，带垂尾的放在中间，然后拼上水平尾翼，机翼的前后卡槽插在机身的前后卡槽里，预安装完成。

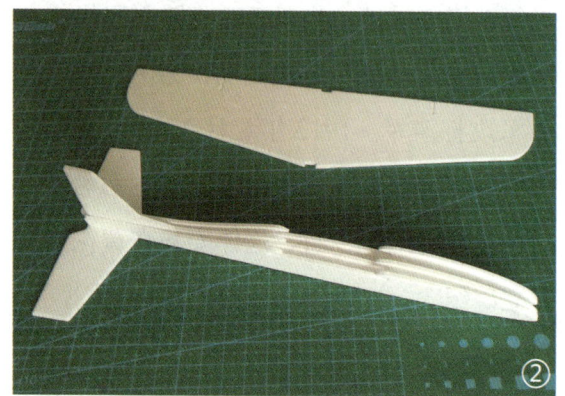

在预安装过程中，除了要记住各个部件的相对位置关系，还要知道哪里需要涂胶，以及安装的先后顺序。

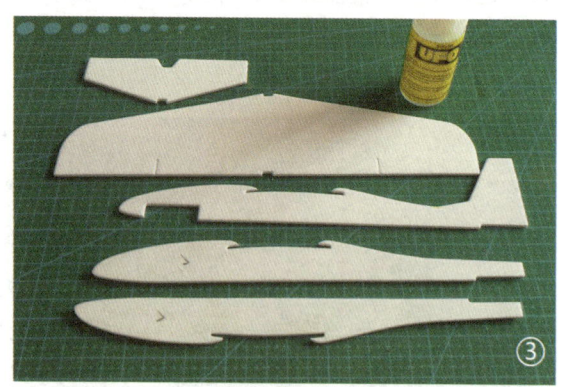

粘魔术板的胶可以用502胶，也可以用酒精胶。502胶粘接牢固，但粘接速度太快，

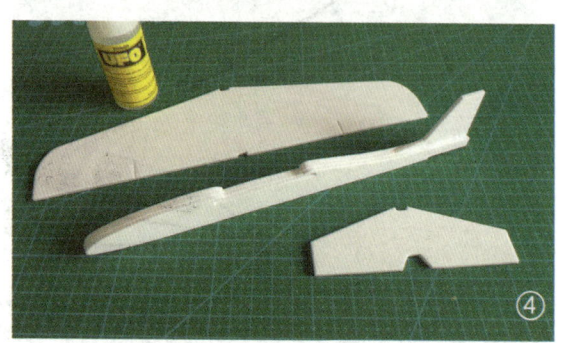

而且掌握不好还有可能把手粘上。所以，我们建议使用酒精胶。涂胶的原则是尽量少，但是要均匀。

在两侧机身上涂胶之前，一定要在涂胶的一面做好记号，以免把胶涂在错误的面上，涂胶之后把三个机身对齐粘好，这种制作机身的方法在其他的模型制作中会经常用到。

在机尾下部涂胶，把水平尾翼粘好，这时可以把粘好的机身和水平尾翼平放在一边，检查一下机身、垂直尾翼是不是与水平尾翼垂直，并且等胶干一会儿再装机翼。

"雪燕"飞机装机翼可以不用胶粘，我们先把机翼前缘的卡口插在机身前面的卡口里面，然后把机翼弄弯，仔细地把后缘卡口插在机身后面卡口里面。这时，"雪燕"飞机的大部分制作工作基本就完成了。

安装完成之后，要仔细检查飞机的对称性，看各个部分有没有变形或扭曲。如果发现变形，可以稍微用力矫正一下，魔术板一般不容易被掰折。

现在，你面前的"雪燕"已经有了飞机的模样了，机身、机翼、垂直尾翼和水平尾翼，但这个时候它还不能飞，因为它的重心位置有些靠后，如果这时迫不及待地把它水平扔出去，它一般会向上仰头，然后就掉落下去。想让它平稳地飞行，必须在机头加一些重量，使飞机有一个合适的重心，我们称之为"配重"。

⑤

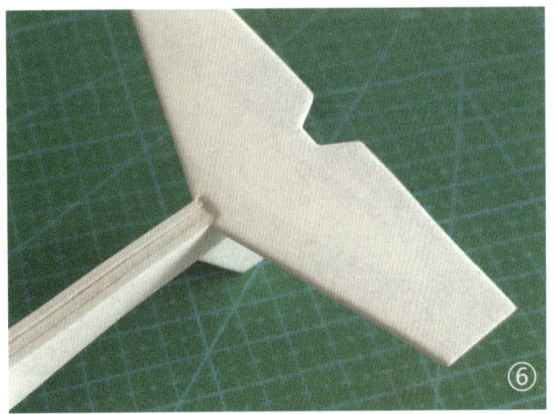
⑥

⑦

⑧

⑨

⑩

学生在检查飞机的对称性

再飞回到手上,这种神奇的飞行,我们称为"回旋飞行"。

要实现回旋飞行,首先要把飞机调整好,直线飞行要非常直,不能发生左右转弯。然后,把飞机的升降舵向上调一个角度,一般不超过15°,右手手持飞机机翼前缘下方,使飞机两个翼尖连线与地面夹角为大约80°,将飞机用力向左侧水平稍高方向掷出,飞机就会飞出去,转一个圈,飞回来。飞机飞回来时速度已经不是很快了,经过练习可以轻松接住。

注意,升降舵调的角度越大,飞机的回旋半径越小。适当增加机头的配重,可以相应加大飞机的回旋半径。

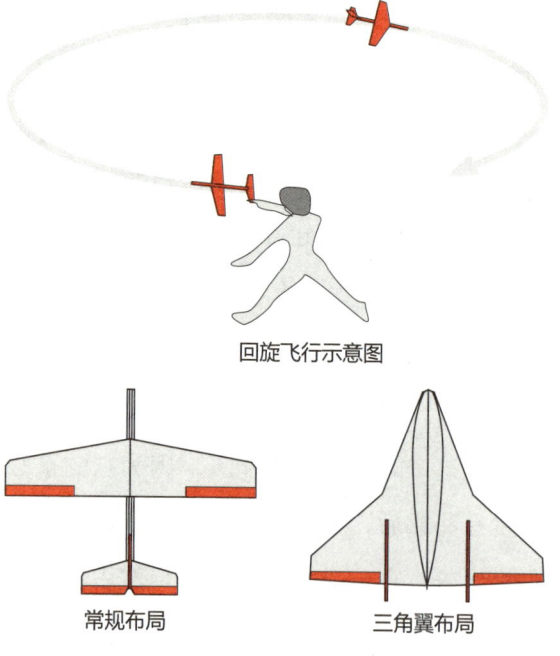

回旋飞行示意图

常规布局　　三角翼布局

可以在机头下面的配重舱里加2～3个曲别针,根据每个飞机材料本身以及制作时涂胶的多少,配重的数量都会有所差别,这要一点一点地试验,直到飞机可以平稳飞行为止。然后,就可以调整飞机的各个舵面,甚至可以让飞机做出各种"特技"动作。如果调整得当,飞机可以飞出去绕一个圆圈,

"雪燕"手掷滑翔机属于常规布局飞机,还有一种是三角翼布局飞机,因为气动布局

第二章 航空先驱的努力

不一样，飞机的飞行特性也有所不同。

"三角飞刀"手掷滑翔机制作

下面我们再制作一架"三角飞刀"手掷滑翔机，这架飞机属于三角翼布局。也是用一种2毫米厚的"魔术板"套材制作。

首先，和"雪燕"的制作步骤一样，先把所有部件拆下来展平，然后按照图示步骤进行预安装。安装顺序是，首先把两个一样的下机身对粘在一起，然后与机身底盘的卡口对齐粘好。把整个下机身与机身上的卡口对齐粘好，然后把上机身盖板与机身中线对齐粘好。最后把两个垂尾插进卡槽粘好。

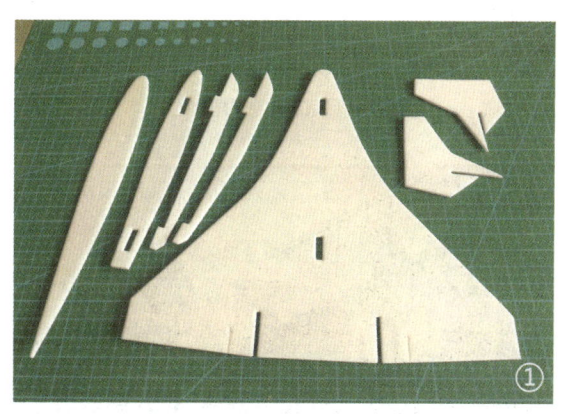

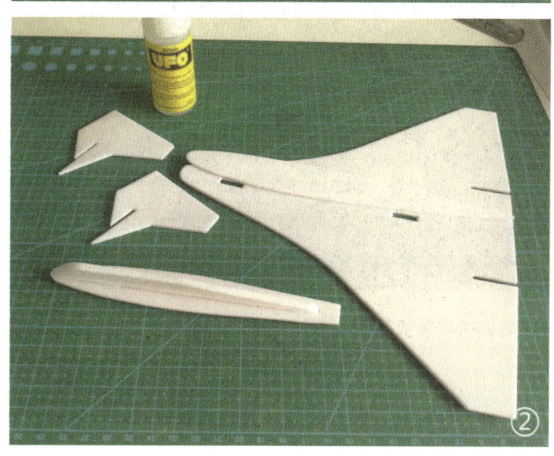

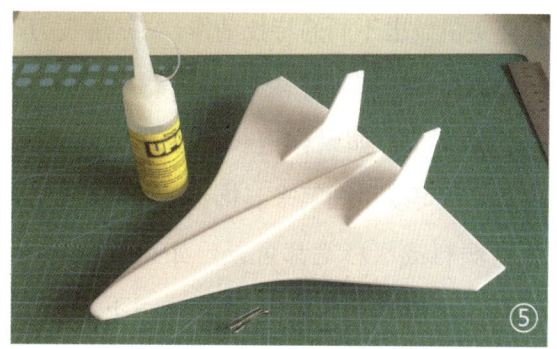

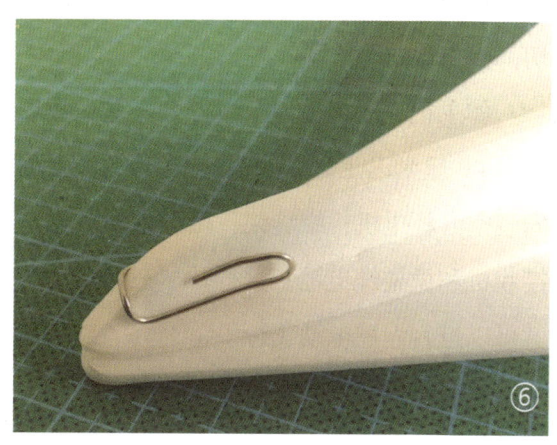

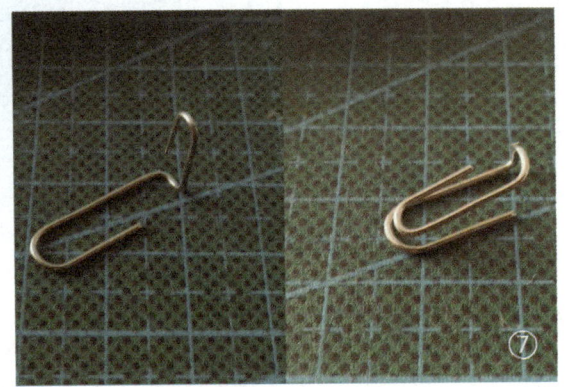

⑦

作为配重的曲别针如图用钳子折好，卡在机头处，如果挪动曲别针的位置，可以改变飞机的重心。检查好飞机的对称性，就可以试飞了。

"三角飞刀"没有单独的水平尾翼，三角机翼上的舵面称为"升降副翼"，既是副翼，又是升降舵，调整升降副翼的角度，可以使飞机做出不同的特技动作，"三角飞刀"一样也可以回旋飞行。

经过色彩装饰的"三角飞刀"

接下来，如果你擅长绘画或喜欢各种色彩，就可以用画笔来装饰你的小飞机了，丙烯颜料或水彩笔都可以。如果这个你不在行，那就在飞机的某个地方写下你的名字，或一句祝福的话，这是你的飞机，一切都由你做主！

如果把"三角飞刀"做得大一些，翼展达到40厘米以上，就可以在模型飞机上面安装空心杯电机、螺旋桨、微型舵机、微型接收机和微型锂电池。这样，"三角飞刀"就可以进行遥控电动飞行了。

对外经贸大学附中学生用电动遥控"三角飞刀"进行遥控飞行训练

第三章
飞机和背后的故事

第三章 飞机和背后的故事

从1903年莱特兄弟的第一架飞机至今，经过100多年的努力，飞机已经从蹒跚学步的"丑小鸭"变成了美丽的"白天鹅"。当年，布莱里奥因成功飞跃英吉利海峡而赢得了全世界的欢呼，今天，大型客机越洋飞行已经是每天的日常工作，甚至人类已经实现环球不着陆飞行。当年人们惊叹叱咤风云的冯·里希特霍芬"红男爵"驾驶敞篷战斗机用机关枪创造的空战纪录，今天，隐身无人战机已经可以神不知鬼不觉地杀敌于万里之外。

航空史上的每一次进步，或者说每一架经典飞机的背后，都有着精彩的故事，值得我们了解和学习。本章，我们一起来讲一讲中国飞机和它们背后的故事。

第一节 战功卓著的歼5

歼5歼击机是新中国在1956年成功仿制的第一种喷气式高亚声速战斗机，其原型是苏联的米格-17。歼5飞机是全金属结构，单座单发动机，采用中单翼45°后掠角，每个机翼上有三片翼刀，机头进气，装备国产涡喷5离心式涡轮喷气发动机，前三点起落架，武器为两门23毫米航炮和一门37毫米航炮。

歼5飞机体积小重量轻，低空机动性能好，机动灵活，但装备相对落后，三门航炮威力虽大但射击精度并不高，射速也低，备弹较少，而且两种航炮的弹道还不一样。

歼5歼击机是参加过实战的飞机，并且屡立战功，

中国空军歼5战斗机

第三章 飞机和背后的故事

创下以劣势装备战胜优势装备的多起战例。

1958年9月,歼5编队与台湾24架F-86配有新型AIM-9B"响尾蛇"导弹的编队在浙江温州上空遭遇,该战双方互有损失但各史料记载不一,空军飞行员王自重因掉队被其中12架F-86围困。王自重单机击落敌方两架F-86后,被F-86携带的AIM-9"响尾蛇"导弹击落。这是世界上第一次实战中空空导弹取得的战绩。但当天F-86发射的AIM-9中有一发未爆炸,坠落后被中国军民发现。这枚AIM-9被送往苏联,苏联在此基础上研制成功了K-13(AA-2)空空导弹,中国的进口仿制品即"霹雳"2空空导弹。

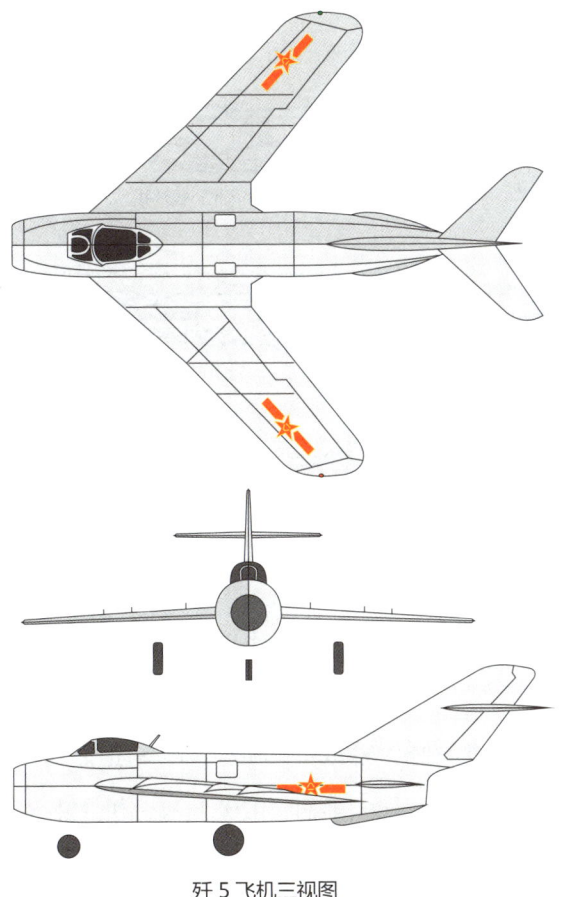

歼5飞机三视图

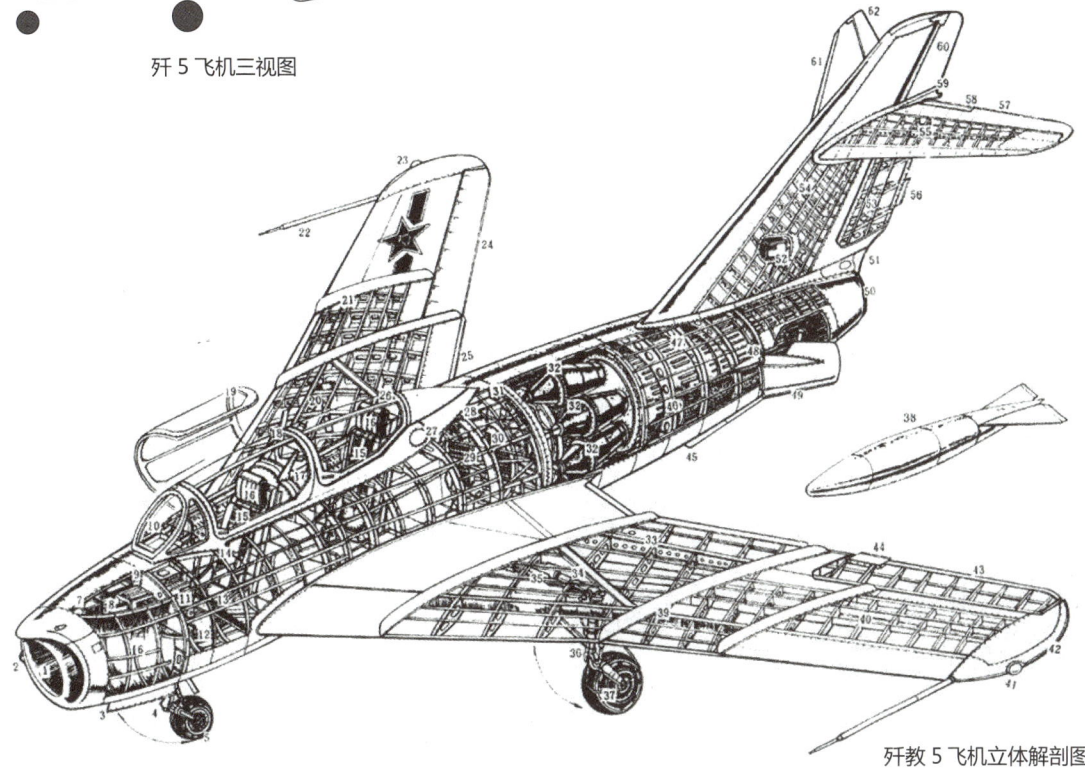

歼教5飞机立体解剖图

1965年4月9日，4架中国空军歼5战机于南海上空与美国海军的F-4B遭遇，发生近距离空中冲突。F-4B匆忙发射AIM-7"麻雀"导弹，中国空军飞行员沉着冷静，利用歼5拐弯半径小机动灵活的特点摆脱了导弹，由于当时的导弹没有敌我识别系统，脱靶的AIM-7竟然飞向远方的一架F-4B，并将其击落，垂头丧气的美国海军飞行员落荒而逃，飞回航空母舰着舰时又发生了碰撞事故，两架F-4B基本报废。

歼5飞机经历了世界上首次空对空导弹的实战，见证了世界上第一次发射导弹击落己方飞机的战斗，创造了以一代机击落二代机的先例，歼5飞机的经历可谓传奇。

歼5自1956年9月正式投入批量生产，到1959年5月停产，共生产767架。后来

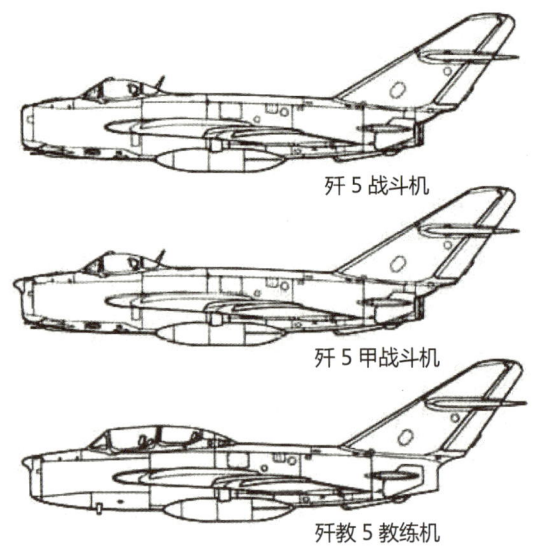

歼5战斗机

歼5甲战斗机

歼教5教练机

在歼5的基础上，成都飞机厂研制了歼5甲和歼教5飞机，分别于1964年和1966年试飞成功。歼5甲战斗机最大平飞速度1145千米／时，最大航程2020千米。机上装有雷达。

歼5飞机的研制和装备，标志着中国成为当时世界上能够成批生产喷气战斗机的国家之一。

从1980年开始，红白相间涂装的歼教5飞机成了中国空军"八一"飞行表演队的主力，共完成表演任务97次。

精彩看点是9机编队，创造了9机分上下组开花、水平开花等高难度动作。

1981年9月16日，表演队第一次进行9机表演。5000米高空，只见4架表演机朝东南西北方向各自升高，剩余5架则从5个不同的方向向下俯冲。拉烟电门开启，蔚蓝

"八一"飞行表演队的歼教5飞机

天幕顿时画出一条条绚丽的彩带，宛若9条彩龙在空中飞舞。这标志着空军"八一"飞行表演队的飞行表演技术迈进了世界先进行列。

下面我们就用橡皮泥制作一个简单的歼5飞机的模型。这个模型虽然不能飞，比例也不是十分精准，但它有助于我们了解飞机的结构，尤其是可以帮助低龄小读者建立简单的空间想象能力，并且非常简单易行。

用橡皮泥做飞机不同于捏泥人，它也有独特的工艺特点，首先我们要对照飞机的三面图和立体图弄清楚飞机的结构特征、部件的形状，以及各个部件的位置关系。

歼5飞机的机身，我们可以认为它是一个两头稍细一些的圆柱体，座舱盖是半个椭圆球，而机翼和尾翼则是薄片形状。如果我们做一个很小的歼5飞机的模型，长度在五六厘米以下的，直接捏一个就可以了。但是如果想做大一些，更精致一些，我们就要想办法了，因为橡皮泥比较软，机翼和水平尾翼有可能在重力的作用下变形，所以就要在这些部件里面加骨架作为支撑。骨架的材料可以是细的竹条、牙签、雪糕棒或铁丝。

歼教5橡皮泥飞机模型制作

下面我们就以歼教5为原型，制作橡皮泥飞机模型。如果你以前学过雕塑，现在就可以大显身手了。

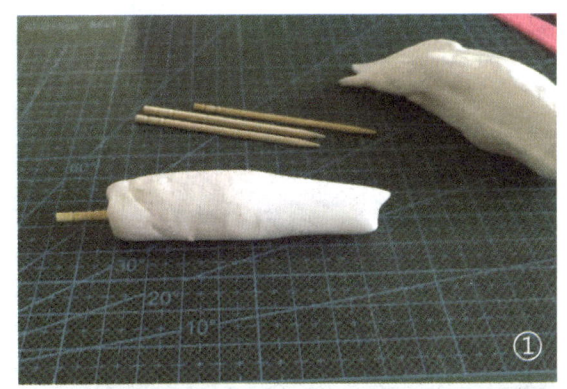

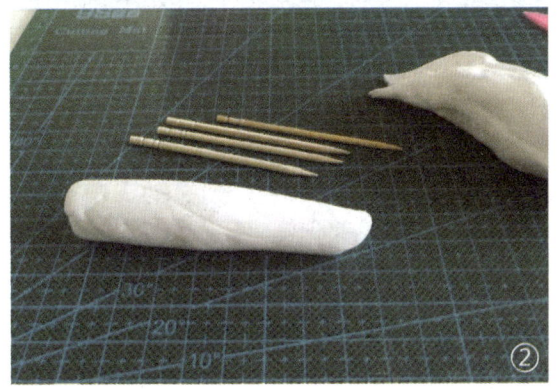

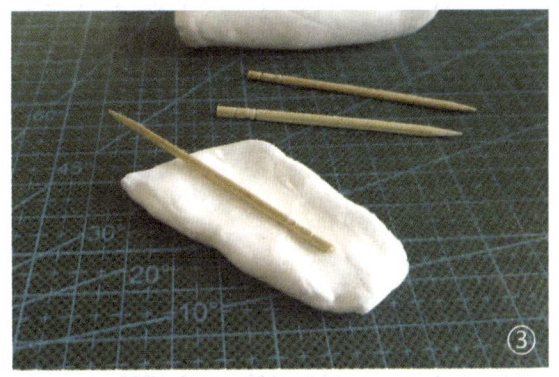

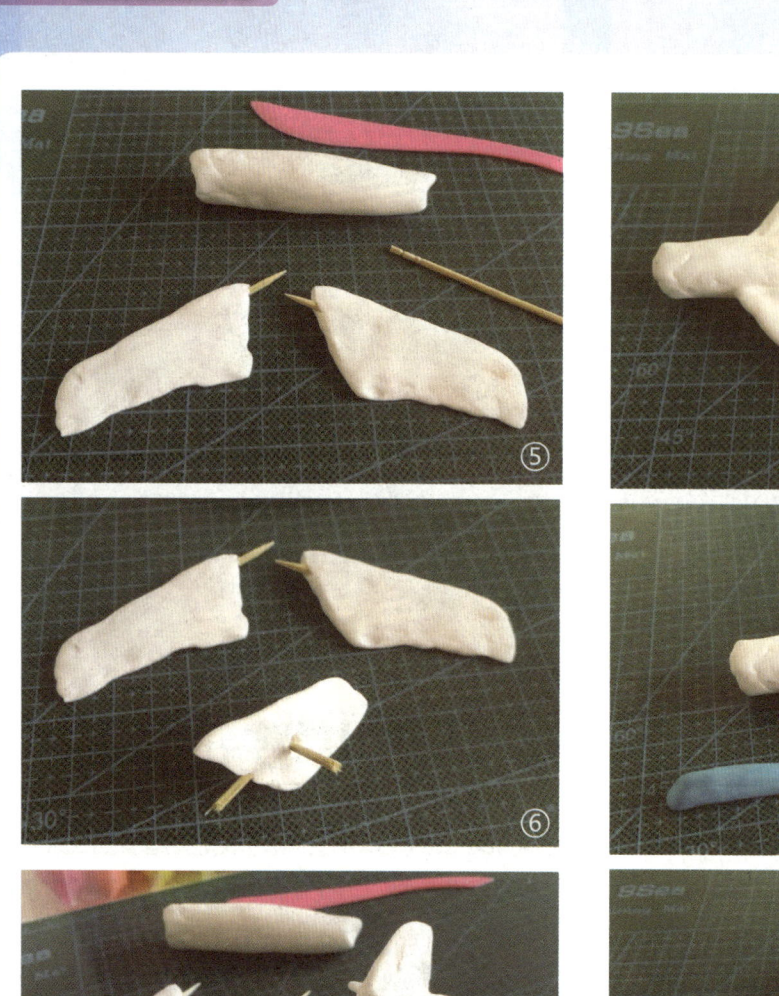
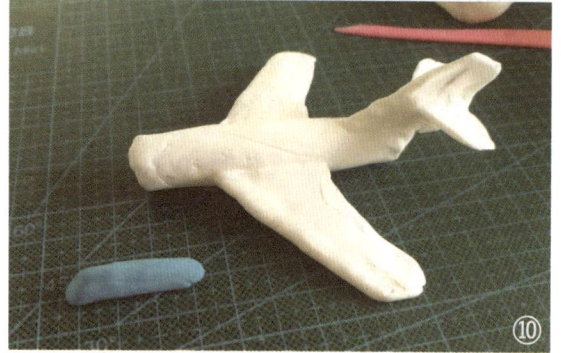
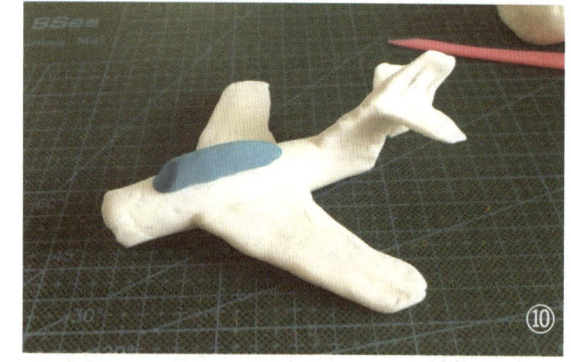
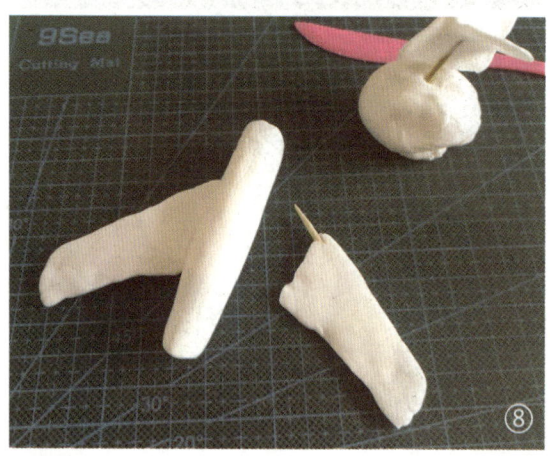
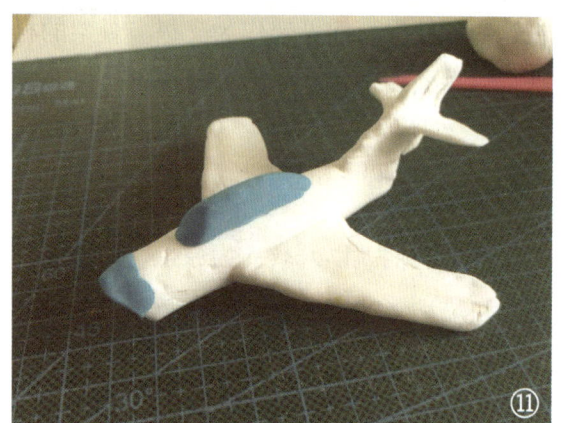

第三章 飞机和背后的故事

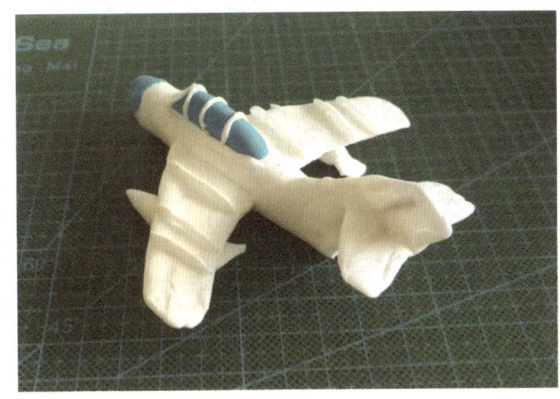

用橡皮泥做飞机的好处是方便，发现少了可以补一块，多了可以切下一块，可以利用橡皮泥自身的黏性粘接部件而不需要胶水。缺点是橡皮泥本身柔软而有弹性，所以塑形不会特别精准，需要随时调整，表面光洁度也不好保持，细节表现能力较差。如果你有更高的要求，可以用雕塑泥或工业油泥来制作，只不过这都需要很高超的技术，而且制作时间会随着精度要求变得更长。

通过橡皮泥歼教 5 飞机模型的制作，我们会更清楚地知道飞机各部分的名称、形状、比例和位置关系，学会用简单的骨架解决变形问题。

在以后的章节里，我们还会制作一些橡皮泥飞机模型，利用橡皮泥制作的随意性，可以做一些经过有趣变形的萌萌的创意小飞机模型。虽然橡皮泥做的飞机不能飞，但它带给我们的创造的快乐是无限的。

第二节 超过声速的歼 6

20 世纪 50 年代,各国空军开始进入超声速时代,我国的歼 5 飞机已经不能满足国土防空要求。1959 年,在苏联米格－19 C 飞机的基础上,我国发展了歼 6 超声速喷气式歼击机,中国空军进入超声速时代,一度缩小了与世界先进空军的差距,歼 6 是中国空军 80 年代以前的主战机种之一,主要用于夺取前线制空权,也可用于对地攻击。

歼 6 飞机采用全金属结构,单座双发动机,机头进气,中单翼,机翼后掠角 55°,两侧机翼上各有一个大的翼刀,前三点起落架,装备 2～3 门 30-1 航炮,后期改进型也可挂载空空导弹和火箭弹等武器。

歼 6 飞机尺寸小、重量轻、推重比大、爬升率高、俯冲增速快、机动性好,适于近

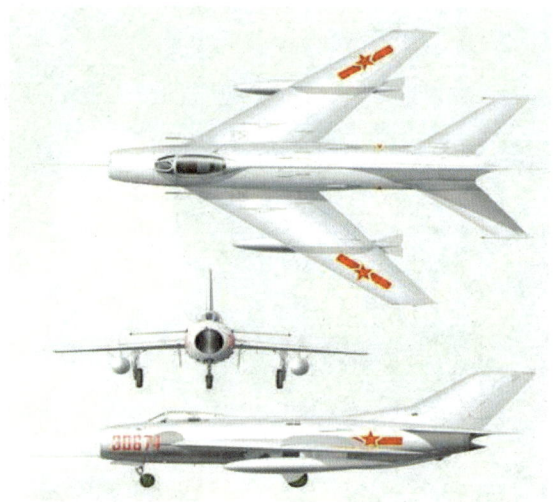

歼 6 三视图

中国空军歼 6 机群

中国空军歼 6 飞机编队起飞

距格斗空战。飞机结构简单，使用维护方便，价格便宜，是世界上同类飞机中最便宜的。

从 1964 年到 1968 年，中国空军和海军航空兵的歼 6 击落击伤各型美国战机 22 架，包括 RF-101、A-3B、A-3D、A-6A，以及性能远在歼 6 之上的 F-104、F-4B、F-4C，而歼 6 却未被击落一架。正是由于如此辉煌的战绩，歼 6 大量装备部队，到 1983 年停产，共生产了 5205 架。

1965 年 3 月 18 日，国民党空军派出 2 架 RF-101 执行例行侦察任务。解放军空军航空兵第 18 师立即指挥 54 大队副大队长高长吉驾驶歼 6 起飞迎战。RF-101 发现被拦截，立刻放弃侦察，高长吉打开加力，抓住后面一架 RF-101，距离 600 米时三炮齐发，将 RF-101 打得凌空爆炸。在击落 RF-101 的整个过程中，从接敌开始到击落敌机，都是在超声速条件下进行的，高长吉在 3 分 40 秒的过程中连续做了 16 个高难度动作，

中国空军歼 6 飞机空战图

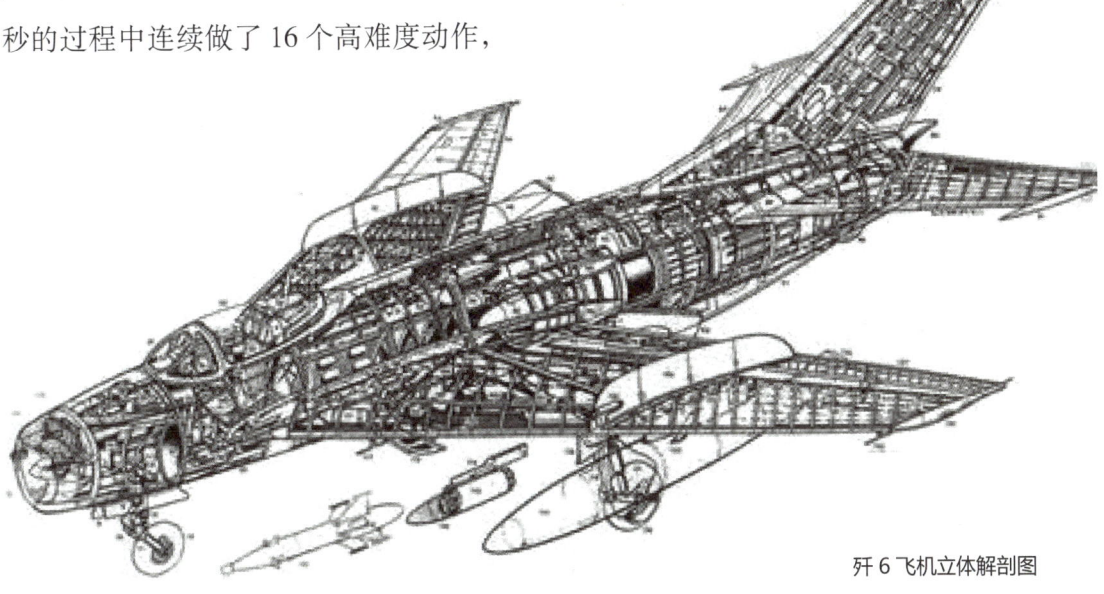

歼 6 飞机立体解剖图

从 11000 米高空追到 2000 米，从 600 米距离打到 480 米，一次射击解决战斗。被击落的飞机是国民党空军第 6 大队 4 中队中校政治辅导官张育保驾驶。这是中国空军航空兵首次在超声速飞机的极限速度条件下作战并取得战果。世界空战史上超声速条件下击落敌机的纪录就此诞生。

中国歼 6 战斗机各个型别，不但大量装备中国空军和中国海军航空兵部队，而且总计 780 架出口到十几个国家，装备了多国空军，其中包括阿尔巴尼亚、埃及、巴基斯坦、孟加拉、坦桑尼亚、索马里等国。

巴基斯坦空军的歼 6 飞机

中国空军的歼教 6 飞机

有了用橡皮泥制作歼教 5 飞机模型的经验，这次我们要制作一架可以飞行的歼 6 模型飞机。

橡皮泥做的飞机之所以不能飞，一是因为外形不准确，更重要的原因是，橡皮泥太重了，所以这次我们用更轻的泡沫材料来制作歼 6 飞机。与橡皮泥飞机模型不同，用泡沫材料做飞机之前必须进行相对严格的设计和规划，首先应该根据泡沫材料的大小确定模型飞机的具体尺寸，然后把歼 6 飞机的三面图制作成我们要求的工作图，然后按工作图制作出各个部件，最后组装。

分析歼 6 飞机的外形结构，我们可以认为它机身的前半部分是一个头部稍细一些的圆柱体，后机身横截面逐渐变成椭圆，座舱盖是半个椭圆球，而机翼和尾翼则是薄片形状。所以，我们确定用泡沫块制作机身和座舱盖，而其他翼面用泡沫板制作。

歼 6 模型飞机制作

从歼 6 飞机的三面图上简化出工作图，所谓简化就是根据我们的工艺水平，把复杂的细节去掉，只保留大体上的形状，灰色部分用泡沫块制作，而黄色部分用泡沫板制作，翼面上多出来的部分是为了与机身插接方便预留出来的，机身上也要预留出用于插接的空间。

所需工具：钢尺、笔，用于测量和标记；

第三章 飞机和背后的故事

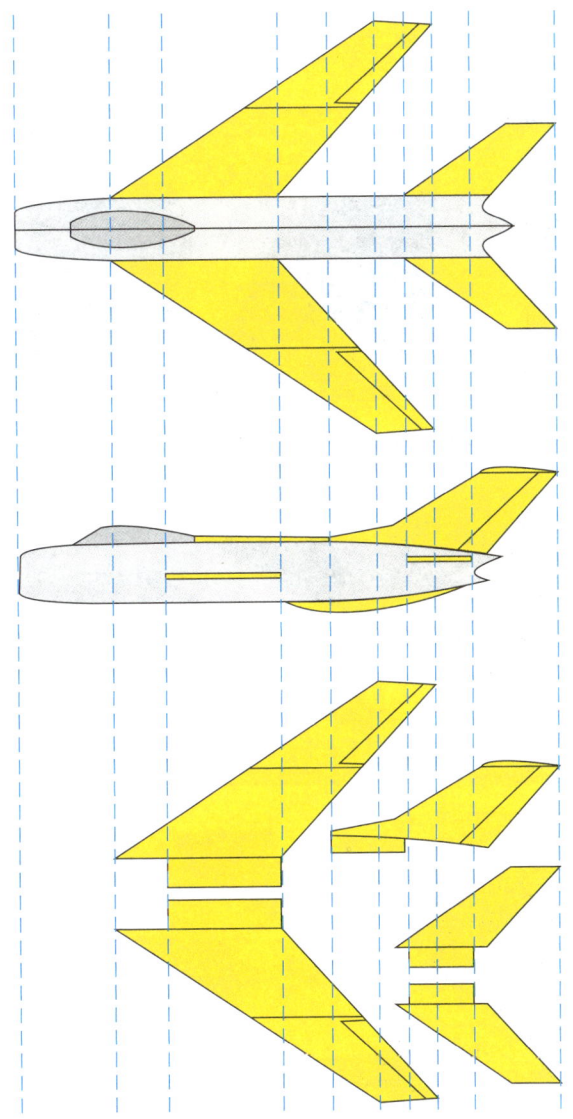

从上面看（俯视）是对称的，容易标记和加工。机翼和机身连接处如果采用挖洞的方法显然太复杂，精度不容易保证，所以我们把连接处下部整个切下来，然后留出机翼厚度再整个粘回去，尾翼也要预留安装空间。

用美工刀削机身时一定注意安全，不要着急，勿切削过度。精细的加工可以用细砂

①

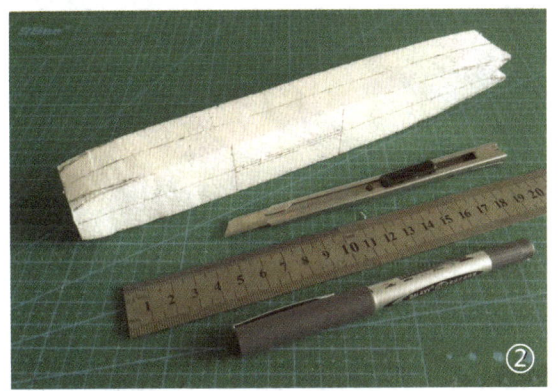

②

锋利的美工刀，用于切割和修型；细砂纸，用于打磨；酒精胶，用于粘接。

备齐材料和工具，画好图纸，计划好工序，我们开工吧。

首先把泡沫块裁成机身所需的最大尺寸的长方体，然后标记好侧面形状，因为侧面形状相对于机身上面形状更复杂一些，机身

③

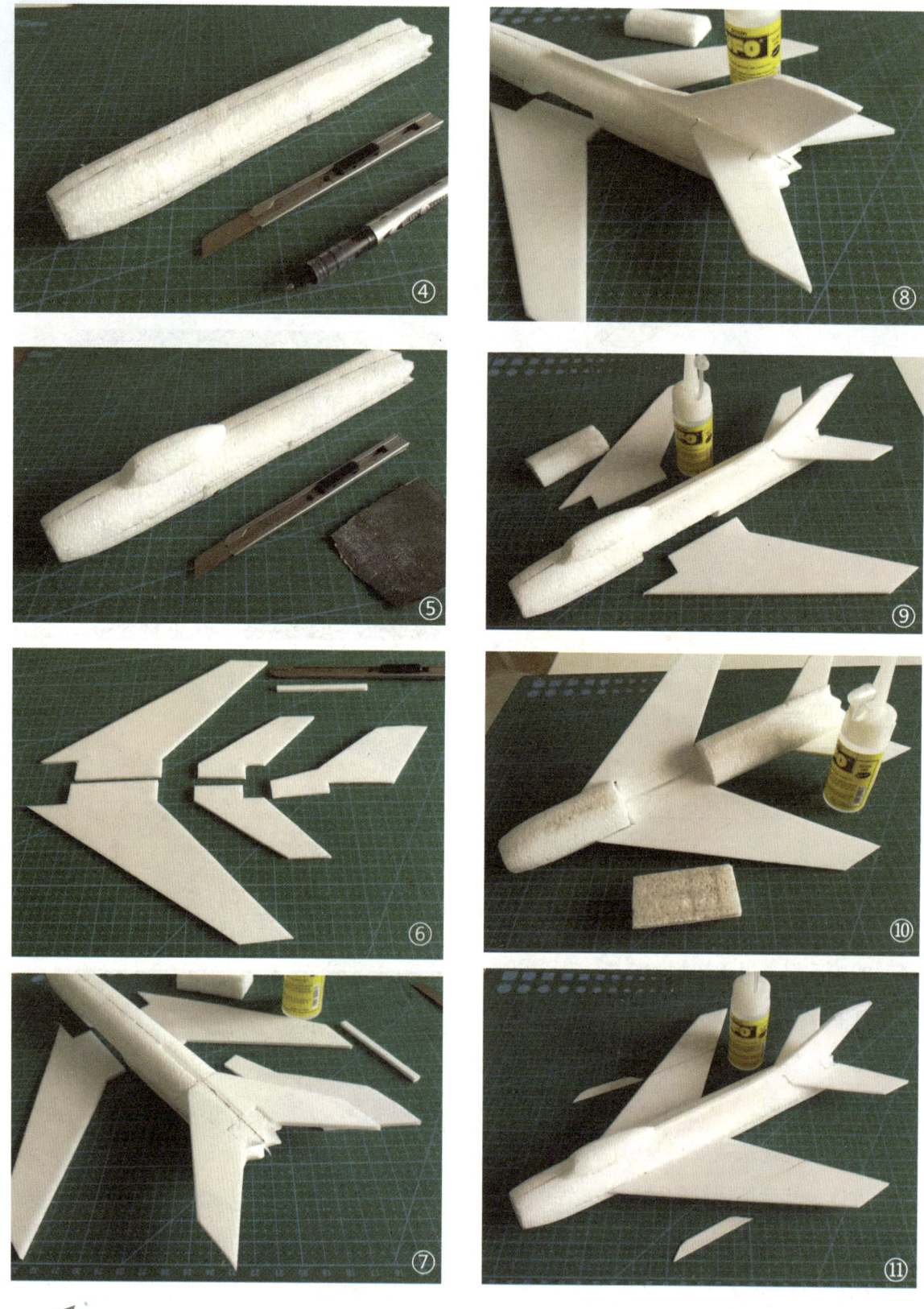

纸来完成，用砂纸打磨时切忌太用力，否则砂纸会把泡沫颗粒撕下来，要朝一个方向轻轻地蹭，同时还要经常检查打磨效果，不要打磨过度。

只要做得正、对称性好，在飞机机头加一些配重物，如一两个小钉子，扎在机头下方，使飞机的重心落在机身中心位置附近，水平抛出飞机，歼6模型飞机基本就会平稳地滑翔出去，稳稳降落。

通过三视图、立体图、照片和文字资料，绘制模型飞机工作图的方法虽然复杂，但也不难掌握，大家可以从简单的飞机开始，多做几次就熟悉了。这种方法是制作模型飞机乃至其他模型的通用方法，图纸是工程师的语言，希望你能掌握它。

利用这种泡沫块＋泡沫板＋卡纸制作像真模型飞机的方法，同样可以制作出中国的歼5、歼7和歼8飞机，美国的F-84、F-86等机头进气类型的飞机。其实，只要有耐心、肯钻研，就可以做出任何想要的模型飞机。

飞机做好之后，可以用丙烯颜料或专用的模型颜料对飞机进行涂装，画上机徽和编号，栩栩如生的小飞机不仅能飞，还会变成有价值的艺术品。

中国空军"八一"飞行表演队歼7E纸模型飞机

第三节 中国传奇强 5

说强 5 是中国传奇一点也不夸张，强 5 系列飞机自 1968 年成批生产，2012 年交付最后一架，40 多年边生产边改进，产量上千架，在中国空军和海军服役近 50 年，还出口到许多国家，强 5 在 80 年代的国际航展上被誉为"亚洲明星"。强 5 的某型改装飞机扔过氢弹，出口到巴基斯坦等国的强 5 还参加过实战，取得了不错的战绩。

强 5 是单座双发动机，两侧进气道，后掠式中单翼飞机，机翼前缘后掠角 55°，机身为全金属半硬壳式。机身结构以铝合金和高强度合金钢为主要材料。起落架为可收

强 5 总设计师陆孝彭

放前三点式。

强 5 飞机是我国著名飞机设计师陆孝彭主持研发的，当时我军急需一种具备对地和对海攻击能力的作战飞机，陆孝彭设计团队在歼 6 飞机的基础上进行了大胆的创新设计，改机头进气为两侧进气，圆锥状的机头改善了飞行员的下视功能，有助于发现和攻

降落时打开减速伞的强 5 飞机

中国空军强 5 飞机

强 5 飞机三面图

击地面目标,陆孝彭还采用了新颖的面积率设计,即"蜂腰"外形,对气动、操纵等系统也采用了不少改进举措。

这些设计不仅使强 5 具有非常好的低空和超低空作战能力,就对地攻击能力而言,与当时苏联和美国的飞机相比也没有逊色多少。不仅如此,强 5 虽然是对地攻击飞机,其空战能力也不一般,在巴基斯坦的一次实兵空战演习中,强 5 多次战胜法国"幻影"Ⅲ战斗机。

强 5 是一款不断改进、不断创新的优秀中国军用飞机。强 5 早期装备的武器只有两翼翼根处的航炮,及机身、机翼挂架上的炸弹和火箭弹,后期改进型可以挂载激光制导炸弹、空空导弹和反舰导弹。

强 5 飞机立体解剖图

巴基斯坦空军的强 5 飞机

强 5 飞机可以说是我国第一款国际合作军用飞机，先后与意大利、法国等国进行合作改进强 5 的机载设备和武器系统，要不是 20 世纪 80 年代后期国际局势风云突变，强 5 很有可能成为一款优秀的国际明星战机。

强 5 模型飞机制作

怀着对飞机设计大师的崇敬和对强 5 传奇的赞叹，我们来制作一个强 5 模型飞机，这次要创新一下制作方法。

相比泡沫块，KT 板也是一个不错的选择，它比较平整，厚度均匀 5 毫米左右，我们只需撕掉 KT 板两面的塑料膜就可以了，这可以省去从大块泡沫材料上取材的复杂过程。

强 5 飞机编队起飞

第三章 飞机和背后的故事

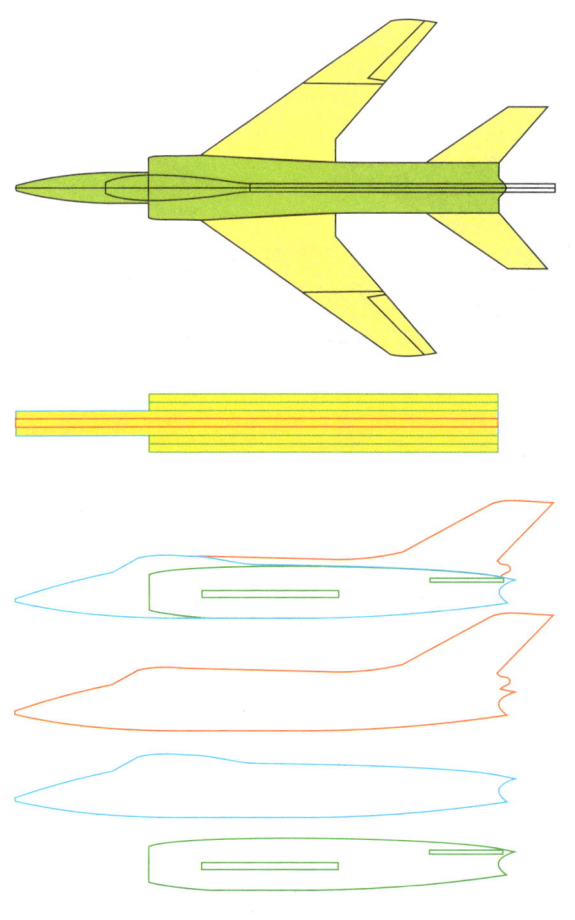

强 5 模型飞机工作图

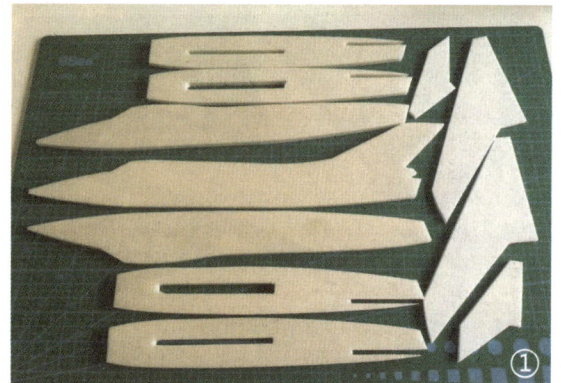

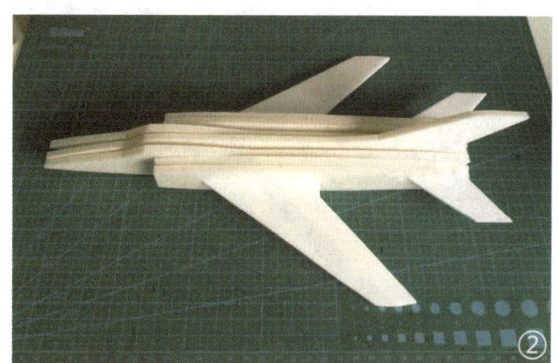

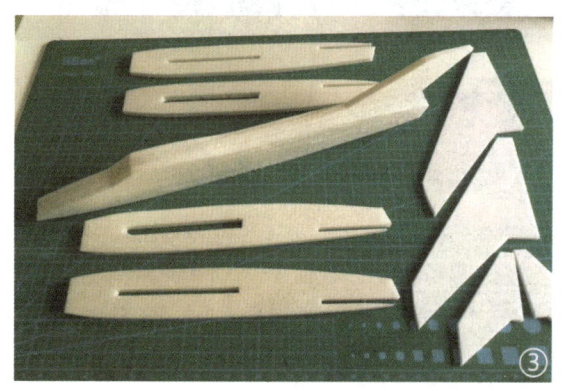

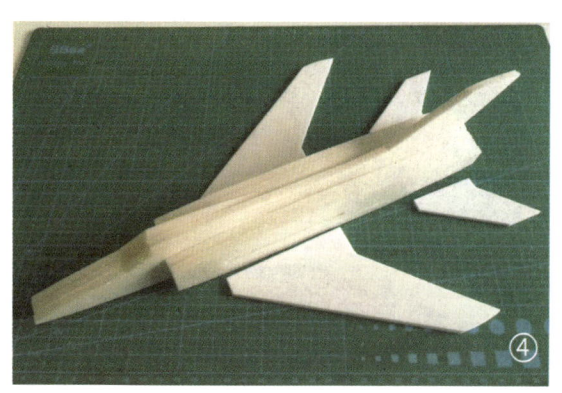

从简化的强 5 模型飞机工作图上不难看出,可以用多层的 KT 板组合出需要的形状,然后经过简单的切削和打磨,基本就可以满足我们的要求了。至于机翼和尾翼,可以沿用制作歼 6 模型飞机时使用的方法。

首先,按照工作图,做出强 5 机身中间带垂尾的 1 片,不带垂尾的两片,外侧 4 片,我们把这 7 片对齐粘在一起,这时强 5 机身的轮廓就基本呈现出来了。简单修整打磨后,标记出进气道、"蜂腰"和发动机的宽度,

⑤

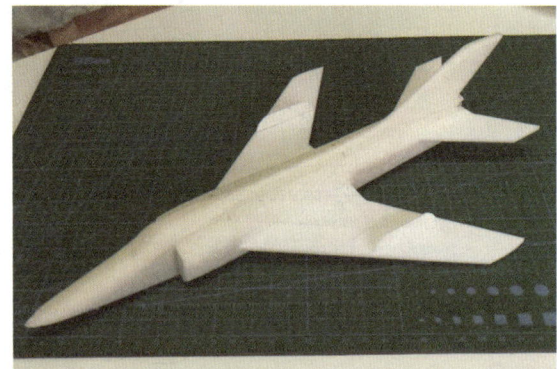

⑥

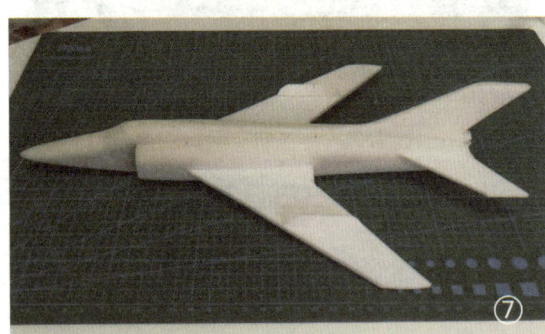
⑦

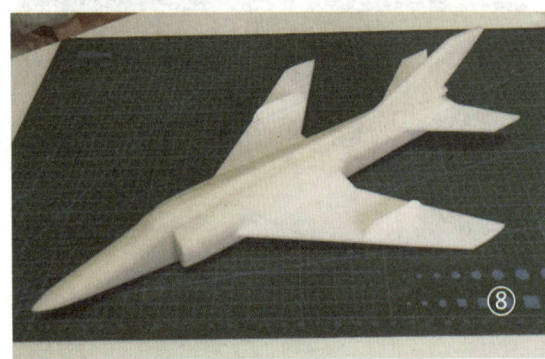
⑧

第三章 飞机和背后的故事

用美工刀修型，机头也修成尖的，然后就可以把整个机身进行圆滑处理，用美工刀修整后用砂纸打磨。

最后，用丙烯颜料或马克笔，参照强5飞机的照片，可以给强5模型飞机画上涂装，栩栩如生而又威风凛凛的强5模型飞机就呈现在我们面前了。

强5飞机由于体积过小，无法安装新型的雷达和携带大型的武器，基本已经没有什么发展空间了，一代名机，终将谢幕。取代它的是更大、更先进的歼轰7"飞豹"和歼16多用途对地攻击战斗机，它们装备先进、航程大、精度高、火力强，更适合未来战争的需求。

歼轰7"飞豹"

歼16飞机

第四节 初教6情怀

中国空军的飞行员绝大多数都飞过初教6，并通过它成为合格的空军飞行员，进而承担各种各样的战斗飞行任务，早期的中国民航飞行员也是用它开始飞行生涯的。初教6教练机虽然没有光鲜的外表，舱内设备也比较简陋，但它优异的飞行性能和忠实可靠的品质，都让飞行员们钟爱有加，当然这里也包含了他们青春的梦想与回忆。

初教6初级教练机为双座、下单翼、前三点起落架设计，动力装置是一台活塞6甲星形气冷9缸发动机。初教6采用全金属结构，装有全套飞行仪表及无线电通信导航设备。

初教6于1958年7月首飞，1962年1月定型生产后交付部队。截至2012年年底，共生产初教6各型飞机2576架。

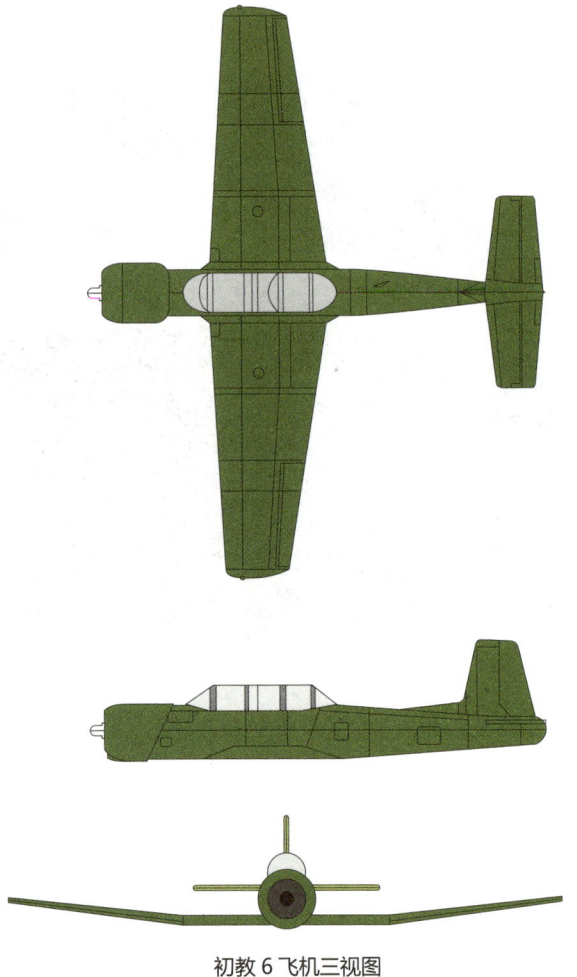

初教6飞机三视图

中国空军初教6双机编队训练

初教 6 模型飞机制作

下面就让我们动手制作一架初教 6 模型飞机,体会一下它简单而实用的设计,感受一下它优美的飞行姿态。也许有一天,你也会驾驶着初教 6 飞上祖国的蓝天,俯瞰大好河山。

按照本书第二章所学的模型飞机制作方法,很容易就可以制作出一架简单又不失初

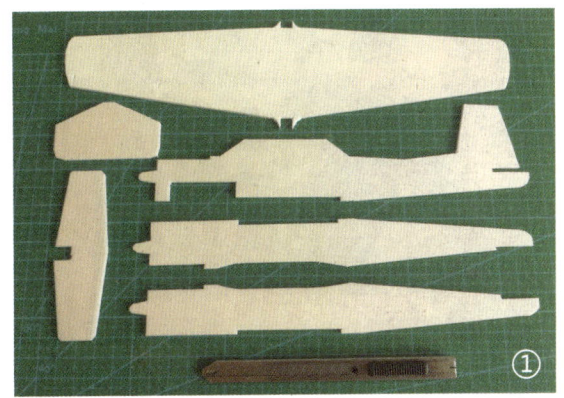

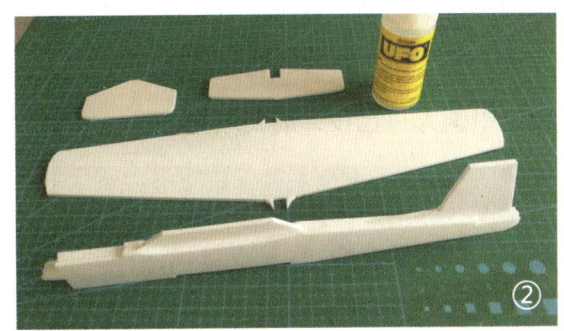

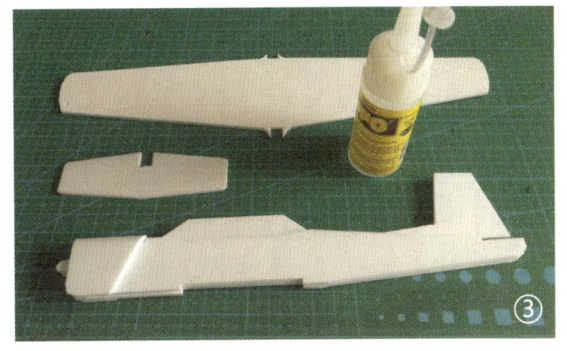

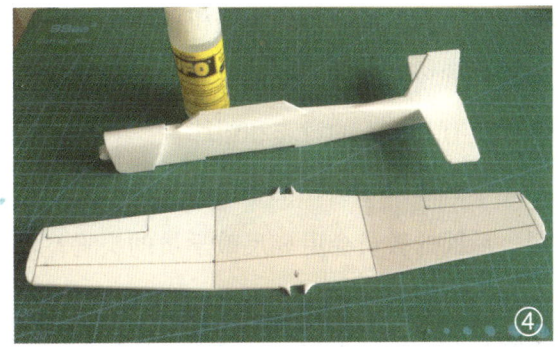

教 6 风采的模型飞机,在机头加适当配重后水平掷出,它就会平稳地向前飞去。

在进入空军服役的岁月里,初教 6 培训了一代又一代的中国飞行员。你可能会好奇,飞行员们是如何进行飞行训练的呢?

首先,飞行员的选拔非常严格,要想成为飞行员,不但要身体强健、思维敏捷,还要品行端正。另外,在飞行前的理论学习和安全教育期间会有严格的考核,也会有一定

的淘汰,所以能坚持到上飞机的学员都是万里挑一的精英人才,他们沉着冷静、动作协调而且有着过人的意志和纪律性。

那么如果学员在空中飞行训练时犯了错误,后面的教员会用戒尺敲学员的头吗?不会的,在飞行中教员的手要始终握住操纵杆,当学员的动作出现严重失误时,他们会命令学员松开操纵杆,然后蹬方向舵,由于前后舱操纵联动,学员的一条腿会随着方向舵屈起,这时教员会快速把操纵杆打过去,这时飞机会在空中摆动一下,而前舱的学员的大腿内侧也被操纵杆抽打了一下,这就是"不听话"的直接"惩戒"。如果学员总是不能完成飞行动作,等待他的将是严厉的训斥、停飞直至淘汰。

初教6以其优异的飞行性能和可靠性,被中国人民解放军空军航空大学"天之翼"飞行表演队选为飞行表演飞机。

初教6初级教练机的优异性能不仅得到

中国飞行员的高度认可,近些年来也越来越多地受到外国空军和飞行爱好者的青睐。20世纪中国人自己设计的初级教练机,成为大

"天之翼"飞行表演队的初教6飞机

第三章 飞机和背后的故事

家传颂的经典教练机,本已停产的初教 6 生产线又开动起来,恢复生产,越来越多的初教 6 在世界各地飞翔。

遥控航模飞机的飞行训练

做了几个小飞机,感受到了一些飞行的小乐趣,有些人可能按捺不住想飞一下遥控模型飞机的冲动,真飞机有教练机,航模飞机有教练机吗?

答案是肯定的,只不过遥控模型飞机的"教练机"称作"练习机",一般为稳定性较好、速度不快和尺寸不太大的上单翼常规布局飞机。在经过一段时间的电脑模拟器飞行训练,学员能熟练掌握遥控器并有了一定的操控能力后,就可以飞行实操了。

教员和学员各持一台遥控器,两台遥控器之间用教练线连接。教员手中遥控器上有一个拨动开关,可以选择教员控制飞机还是学员控制飞机。

这样教员在做完示范动作后,稳定住飞机,在合适位置把飞机控制权交给学员,如果学员操作发生错误或即将发生危险时,教员可以拨动开关把飞机控制权切换回来,以避免不必要的损失。

待学员可以掌握基本的飞行动作要领,可以基本实现自主起降和航线飞行而不发生坠机现象,教员认为学员可以独自飞行时,就可以拔掉教练线,这时学员就可以"放单飞"了。

遥控航模飞机飞行训练时使用教练线

航模练习机

第五节 歼10的生日，院士的生日

歼10歼击机是航空工业成都飞机工业（集团）有限责任公司从20世纪80年代末开始自主研制的第四代先进歼击机。歼10歼击机采用三角翼鸭式布局，单发动机、单垂尾、机腹进气，是中型、多功能、超声速、全天候空中优势歼击机。首飞时间是1998年3月23日，这一天可以算作是歼10的生日。

歼10的总设计师宋文骢，中国工程院院士，曾任成都飞机设计研究所首席专家，被誉为中国"歼10之父"。宋文骢院士把毕生精力都献给了中国航空工业，为了纪念

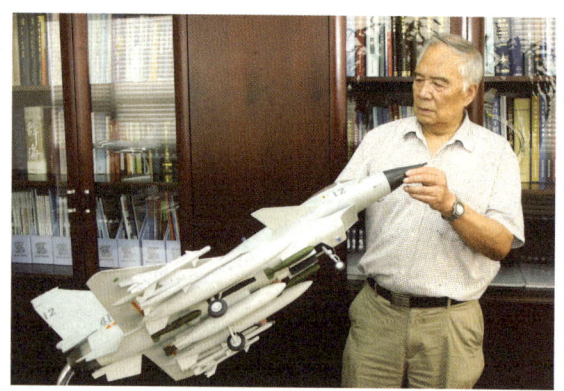

歼10总设计师宋文骢

歼10的诞生，他把自己的生日改成了3月23日。

歼10拥有优异的飞行性能和漂亮的外形，入选中国人民解放军空军"八一"飞行表演队主要机种。以飞行表演为目的的歼10表演机没有安装武器系统，取而代之的是在飞行表演时使用的拉烟系统。但歼10

全副武装的歼10B飞机

表演机仍保留了武器系统的接口，以便空中表演使命完成之后，可改回歼击机使用。

在歼10设计之初，就已经将其作为表演机的功能考虑在内，装备"八一"飞行表演队的歼10都是严格按照设计专门为"八一"飞行表演队生产的歼10表演机。不同于作战部队飞机的迷彩涂装，"八一"飞行表演队的歼10由醒目的红白蓝颜色涂装，在蓝天白云的映衬下分外绚丽。

"八一"飞行表演队的飞行员都是空军

歼10飞机三视图

中国空军"八一"飞行表演队歼10飞机及飞行员

的顶尖高手，各个身怀绝技，令人惊奇的是，他们中间还有几位女飞行员。

余旭，女，1986年出生于四川崇州，空军上尉，二级飞行员，曾任空军"八一"飞行表演队中队长。2016年11月12日，她所在的"八一"飞行表演队在河北省唐山市玉田县进行飞行训练中发生一等事故，余旭跳伞失败，壮烈牺牲。

歼10B纸模型飞机制作

接下来，我们制作一架歼10B纸模型飞机。首先，把各个部件从套材上取下来，将变形的部件展平。把机身和机翼折成90°后对粘，机头罩和机头下方部件按图粘好。如右图所示折好进气道和下部机身，下机身尾部粘合。把下机身尾部与上面对齐后与机身粘合，尾鳍向下折80°。在机头下部加适当配重，然后套上机头罩。检查对称性后，就可以试飞了，如果模型飞机飞行没有问题，就可以把机头罩粘上了。

中国空军"八一"飞行表演队女飞行员（右二是余旭）

①

②

③

④

第三章 飞机和背后的故事

安装了矢量发动机的歼 10C 飞机在做高机动飞行表演

⑤

⑥

⑦

纸模型飞机制作简单，但容易变形和损坏，下面我们来制作一架魔术板的歼 10 模型飞机。

歼 10 魔术板模型飞机制作

歼 10 魔术板模型飞机制作与强 5 飞机的制作类似，这里我们使用的是套材，把部件直接取下来，先把机身上部的三片对齐粘好，然后与上机身底盘对齐卡口粘好。把机头、机翼和尾部对齐卡好，然后与整个上机身对齐粘好。机身下部粘好后，卡口对齐后与主机身粘好。最后，把两片腹鳍卡在机身

歼 10B 纸模型飞机制作简便，飞行性能也不错。唯一遗憾的是，因为要制作简便，所以飞机的前翼和主翼在一个平面上，与原型歼 10 飞机有一定差距，如果你是一个精益求精的人，可以根据歼 10 飞机的照片或图纸自行修改。

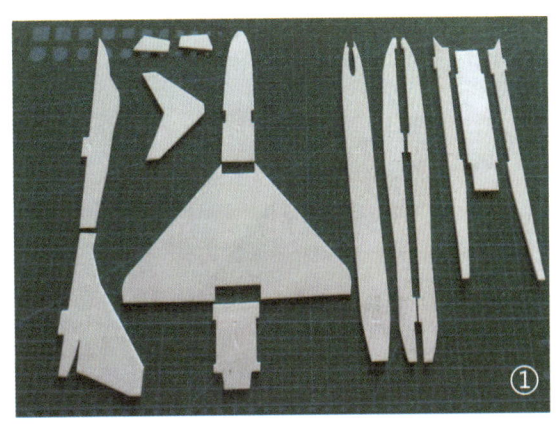
①

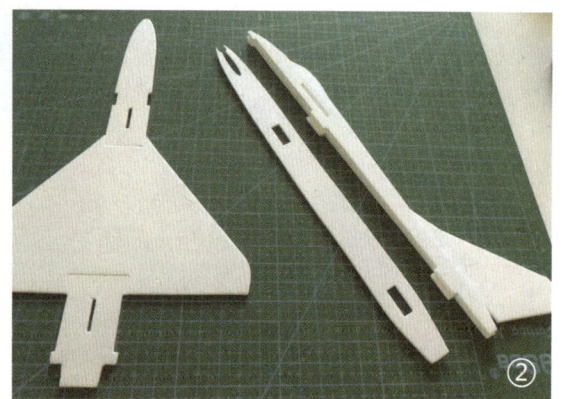

②

⑥

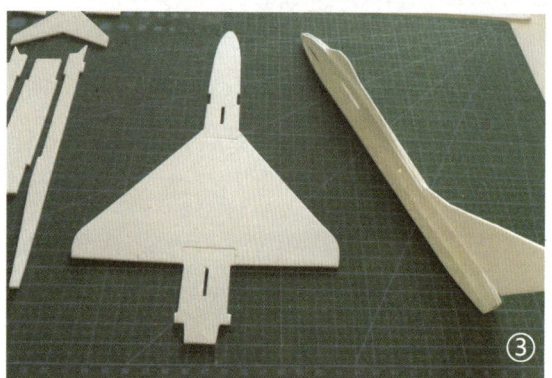

③

⑦

④

⑧

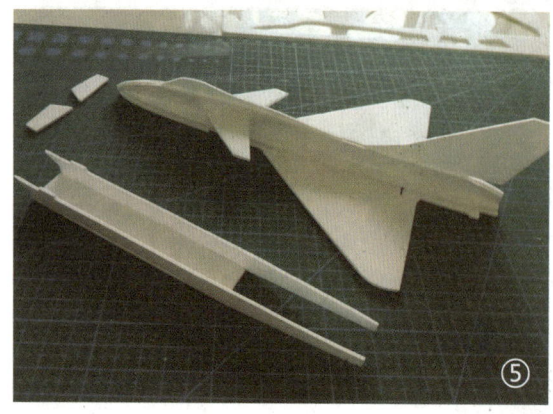

⑤

尾部粘好，把前翼插进座舱下方的空隙中，打开机头下方的配重舱盖，加入适当配重，歼10魔术板模型飞机就完成了。

检查模型飞机是否对称，前翼与主翼要平行，垂尾与机翼要垂直，两片尾鳍要对称。各个部分不要发生扭曲。

魔术板歼10模型飞机飞行性能非常好，

第三章 飞机和背后的故事

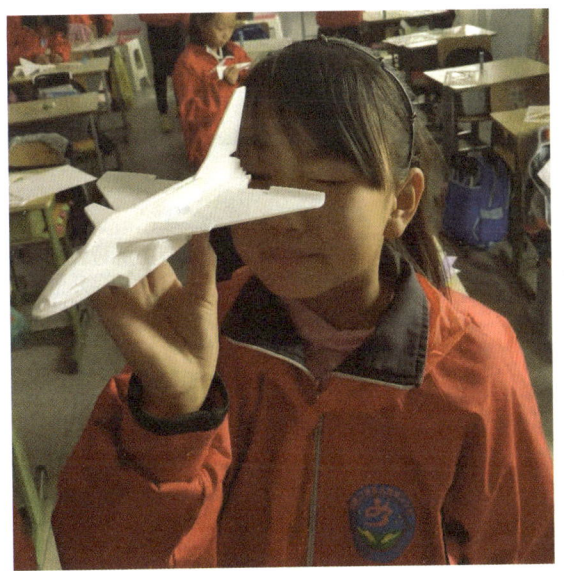

学生在检查飞机歼10模型飞机的对称性

飞行姿态也很优美，如果调试得当，甚至可以做出一些机动动作。

一架精致的模型飞机可以让我们联想起许多精彩的故事，而一件有趣的绘画作品更容易让我们浮想联翩。

卡通歼10绘画

创作漫画，首先要了解歼10飞机的外貌特征，然后进行夸张处理，先把歼10原来修长的机身缩短，而后放大座舱，使它显得如婴儿一般生动可爱。

先用铅笔打个草稿，绘出大致轮廓，给歼10的座舱带上耳机，绘出有神的眼睛。然后精炼出线条，擦除多余的痕迹，最后用彩色铅笔画上颜色和绘出立体感觉。

航空绘画也是航空科普的重要组成，而漫画形式的卡通飞机更受青少年的喜爱。

第六节 铁血歼15

随着中国第一艘航空母舰"辽宁"号的列装,歼15舰载机也逐渐走进了人们的视野。歼15重型舰载机是航空工业沈阳飞机工业(集团)有限公司仿照俄罗斯苏–33舰载机,经过许多重大改进研制,它的气动外形和苏–33几乎一样,但航电设备、火控系统和雷达等都是我国自主研制的,其作战性能有了本质的飞跃。

歼15采用三翼面布局,双发动机,双垂尾,航程远、火力强、机动性好、机载设备先进。歼15可以在航空母舰上起飞降落,是捍卫国家主权和保卫世界和平的国之重器。

所谓三翼面布局就是,常规布局加前翼

歼15舰载机三视图

第三章 飞机和背后的故事

放下着陆钩的歼15舰载机

（前翼、机翼和平尾）构成的三翼面布局，三翼面同时操纵提高了操纵效率，减小了配平阻力。另外，三翼面布局有助于实现飞机直接力控制及保证足够的低头恢复力矩，改善大迎角特性，提高最大升力。

歼15可以凭借强大的发动机推力，从"辽宁"号航空母舰上翘14°的前甲板滑跃起飞。这种起飞方式效率高、可靠性高且设备维护简单，但缺点是需要飞机本身发动机推力大，而且起飞时耗油量巨大。

起飞时，航空母舰需迎风高速航行，而舰载机也要推力全开，迅速在最短距离内加速至起飞速度，再加上滑跃甲板的坡度产生的向上托举的力量，歼15可以从容地从航母上起飞。

舰载机在航母上降落是一件极其困难和危险的事情，航母用于降落的甲板长度只有200多米，通常情况下旁边还停放着其他飞机，所以跑道不仅短而且还很窄。最要命的是降落用的跑道还是斜的，与航母的行进方向有一个夹角。为了减小飞机与航母的相对速度，航母须迎风全速前进，这样一来巨大的舰体和飞行甲板上的舰岛后面会形成一股叫作"公鸡尾"的上扬乱流。

飞行员要驾机降落到航母上，必须克服重重困难，精准操纵不能有分毫的差错，着舰瞬间必须用飞机的尾钩勾住航空母舰甲板上5根拦阻索中间的一根（最好是第二根），飞机才会迅速停下，不至于掉进大海。如果飞行员发现没有钩住拦阻索，就要果断拉起飞机，加力复飞，再次进行降落。

航空母舰上的海军飞行员的训练科目70%～80%是起降训练，而空军飞行员只有20%～30%的时间用于起降训练，所以，舰载机飞行员的工作往往被称为"刀尖上的舞蹈"。

一架歼15飞机的造价大约是4亿元人民币，而一架战斗机的飞行费用（包括燃油和日常维护等）大约是每秒100元。就是说，一架飞机飞行1小时的费用大约是36万元，一个中队12架飞机飞行1小时的费用就是400多万元。所以，一个国家要拥有强大的国防，必须有强大的经济基础和军事工业基础作为后盾。

要建立一支强大的海、空军力量，光有金钱和科技是不够的，还要有一大批勇于献身国防事业的工程技术人员和飞行人员。

中航工业沈阳飞机工业（集团）有限公司的前董事长兼总经理罗阳，作为歼15项目的总负责人，长期忘我工作，积劳成疾，在2012年11月25日执行任务时突发急性心肌梗死，经抢救无效，在工作岗位上殉职，终年51岁。

歼15舰载机一级飞行员、海军少校张超，在驾驶舰载机进行陆基模拟着舰接地时，突发电传故障，危急关头他果断处置，尽最大努力保住战机，推杆无效、被迫跳伞，坠地受重伤，经抢救无效壮烈牺牲。

在我们享受平静美好的生活时，你是否想到还有那么一群人，他们努力工作，目的

飞行甲板上的歼15舰载机，为了节省空间将机翼折叠

不是荣华富贵，他们的目标是让我们的祖国更强大。

关注中国的国防，关注中国的航空工业，也许有一天，你也会成为国防建设的一员！

歼 15 纸模型飞机制作

接下来，我们制作一架歼 15 纸模型飞机，首先把各个部件从套材上取下来，把变形的部件展平。把机身和机翼折成90°然后对粘，两个垂尾对折后粘好，折出粘口，然后粘在机身尾部，两个垂尾要平行，与机身要垂直。机头罩和机头下方部件如图粘好。如图折好两个进气道并把它们尾部与上面对齐后与机身粘合，注意，两个发动机并不是平行的，发动机进气道与前翼的翼根处间距3毫米，两个发动机要粘得对称。在两侧翼尖处粘上导弹挂架。在机头下部加适当配重，然后套上机头罩。检查飞机的对称性后，就可以试飞了，如果飞机飞行没有问题，就可以把机头罩粘上了。

歼 15 纸模型飞机除了可以平飞，还可

⑥

⑦

⑧

北航实验学校学生制作的歼15舰载机纸模型飞机

以用它来模拟真实的舰载机着舰，搞一个舰载机模拟着舰比赛。制作一块航空母舰的飞行甲板，如果没有，可以用长条桌子代替，距离航空母舰的飞行甲板5～8米的地方起飞，看能不能把歼15飞机降落在飞行甲板上，并且不能碰到其他东西。

歼15魔术板飞机制作

为了实现更精密地着舰，我们下面制作一架歼15魔术板飞机。比起之前的纸模型

第三章 飞机和背后的故事

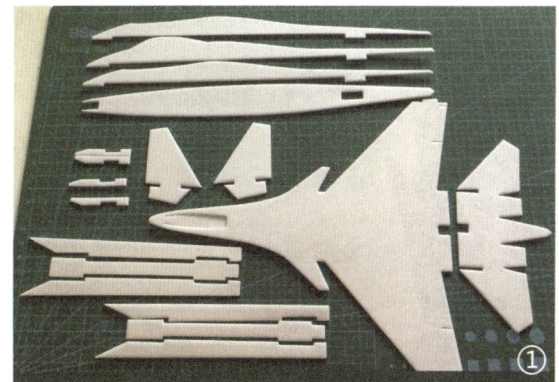
①

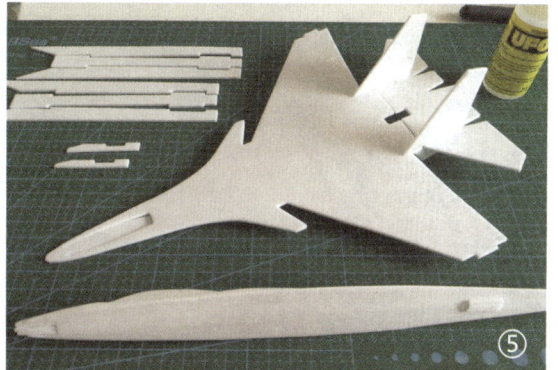
⑤

②

⑥

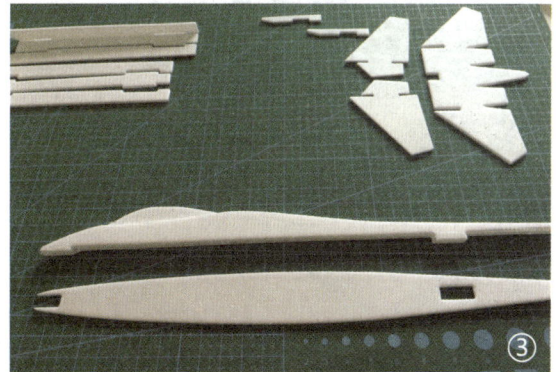
③

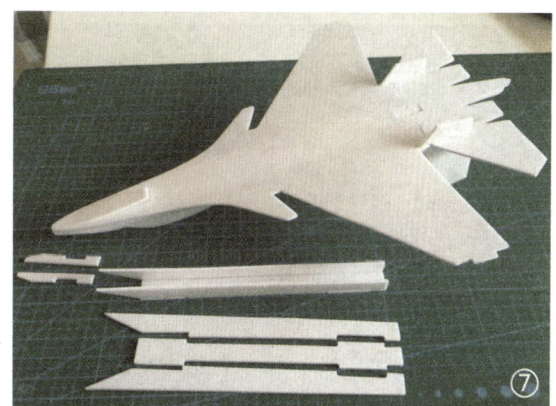
⑦

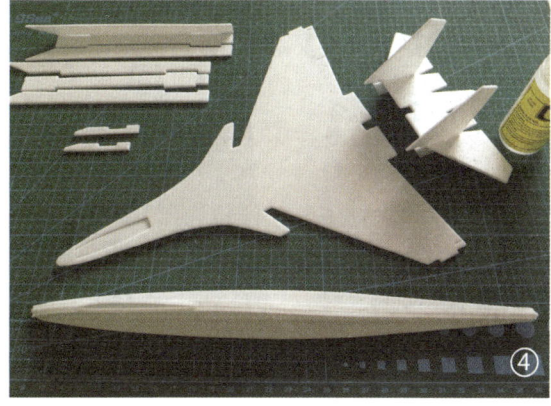
④

⑧

Ganzhi Hangkong
——Yong Shuangshou Chumo Hangkong Mengxiang

⑨

⑩

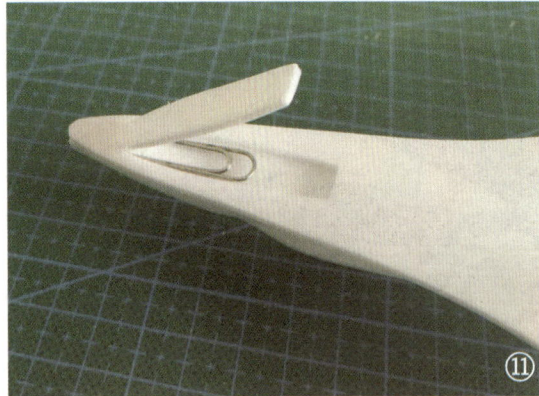
⑪

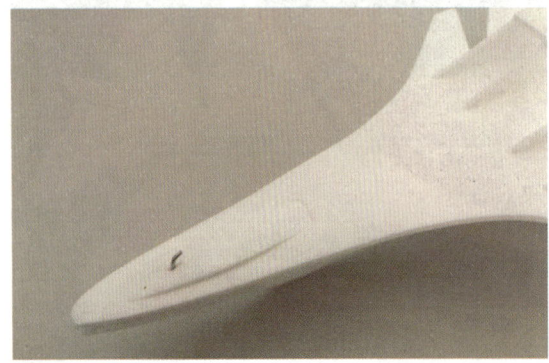

第三章 飞机和背后的故事

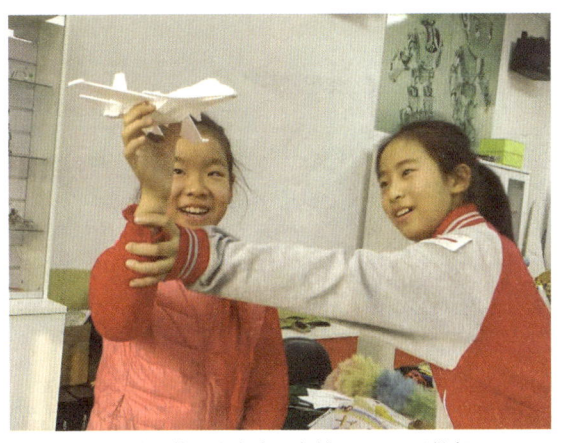

北京东铁匠营一小学生正在练习歼15手掷起飞

飞行中的歼15电动遥控像真模型飞机

歼15，它个头大，不易变形；飞行品质更高，飞行姿态也更优美。

魔术板歼15飞机，从套材上取下部件后，一定按照图示顺序进行预安装，如果顺序错了，可能会影响飞机质量和飞行效果。值得注意的是，两个发动机之间有个小的夹角，并不是水平的，两个发动机安装要对称，整个机身要平整。如果把配重用的曲别针弯起来做成一个钩，套上皮筋，就可以进行弹射起飞啦。

按照几乎一样的结构，我们用KT板制作一个更大的歼15模型飞机，在机身中部切下一个矩形方块，在这里安装一台无刷电机和螺旋桨，飞机就有了动力。在飞机的副翼和水平尾翼处安装微型舵机，用连杆与舵面相连，飞机就可以控制了。装好无线电遥控接收机，安装好电池，这架大型电动遥控歼15像真模型飞机就可以在你的遥控指令下在蓝天飞翔了。

第七节 隐身战斗机看得见吗？

关于隐身战斗机一直有很多"神秘"的传说，有人说隐身战斗机会像变魔术般消失在天空，尤其是夜空，敌人无法看见它。直到1991年的海湾战争时，大多数人才见到美国的隐身战斗机F-117那棱角分明的古怪形状，才知道隐身飞机并非肉眼看不见，而是敌人的雷达无法探测到隐身飞机的踪迹，因此很难将其击落。

隐身技术的原理是：通过把飞机的几何形状设计成平行的直线或平面，使照射来的雷达波反射到另一个方向，使反射回敌方雷达的回波减至最少，同时飞机上尽量减少多余的凸起，把所有武器都隐藏在机身内部，并且还要在飞机表面涂上能够

打开弹仓的歼20

吸收雷达波的材料，这样隐身飞机的雷达截面积就会做到最小，敌方的雷达就几乎无法发现隐身飞机的踪迹了。

但为了适合隐身飞机的要求，F-117的气动外形被严重破坏，飞机的机动性大幅降低，如果被敌方战斗机目视发现，几乎没有格斗能力，在辉煌过后不久就全部退役了，取而代之的是美国第四代战机F-22隐身战斗机和采用飞翼布局的B-2隐身战略轰炸机。F-22战斗机保持了隐身飞机设计的基

中国空军的歼20隐身战斗机

本原则，但气动外形较为合理，并且使用了矢量喷口，即可以改变推力方向的喷口，飞机的机动性有很大提升。

在自然界中其实也有这样的"较量"，飞蛾的翅膀和身上有一层细细的粉末，当蝙蝠发出的超声波打到它时，粉末就会脱落，这样蝙蝠接收到的超声波回波就会大大减少，使它无法准确地确定飞蛾的位置。现代隐身战斗机使用的吸收雷达波的材料，原理也大致如此。

俄罗斯作为航空大国，在隐身战机技术上也不甘落后，成功试飞了T-50战斗机。和F-22类似，T-50也采用了双发动机、简洁的外形和向外倾斜的双立尾，并大量使用非金属的复合材料，只是机身略显宽大。与F-22不同，T-50使用的是独辟蹊径的喷口转向技术来提高飞机机动性。

面对隐身技术的迅速发展，中国一方面加大对搜索隐身飞机的雷达技术的改进，如建立不同波长且更紧密相连的雷达网，探索更先进的量子雷达技术等。同时，也在积极地发展自己的隐身战机。由航空工业成都飞机工业（集团）有限责任公司研制的歼20隐身战机的首架工程验证机于

停机状态的歼20

歼20双机编队飞行

台儿庄实验小学航模队在学校的巨型歼20模型前进行遥控航模飞行训练

2011年1月在成都实现首飞。

歼20隐身战机属于第四代战机，采用大三角翼鸭式布局，双发动机，DSI鼓包式进气道，外倾的全动差动双立尾，机身呈菱形，内置武器舱，外形冷峻飘逸。法国著名的飞机设计师达索说过，一架优秀的飞机，它的外形也一定是很优美的，中国新型隐身战机就证明了这一点。

歼20隐身战机的鸭翼是全动的，双立尾也是全动的。国外已知战斗机中，只有T-50带有全动立尾，F-22和F-35都是常规的固定立尾加可动舵面。

歼20的仪表板采用大型全景多功能显示器，能显示传感器、武器和飞机状态数据，以及战场环境、战术和安全信息。

歼20纸模型飞机制作

先将歼20纸模型飞机的所有部件从背纸上拆下来。把下机身折好，上机身尾部折成三棱状。下机身和上机身粘合，尾部对齐，可以先粘一边，再粘另一边。分别粘好上、下前机身，然后把上下前机身粘合，注意：只粘前三个粘口，后两个粘口暂不涂胶。把做好的前机身插入机身上部，中心对齐，粘好。把前翼、立尾、尾鳍按指定位置粘好。两个尾喷口粘在上下机身后部，注意对称。

这架歼20如果配重合适，是可以直线飞行的，只是这架纸飞机为了追求像真，重量较大，而飞机的机翼面积又相对较小，所以飞起来的效果不如真的歼20那么震撼，也不象其他模型飞机那么飘逸，但作为一架观赏用的模型飞机来说还是很不错的。

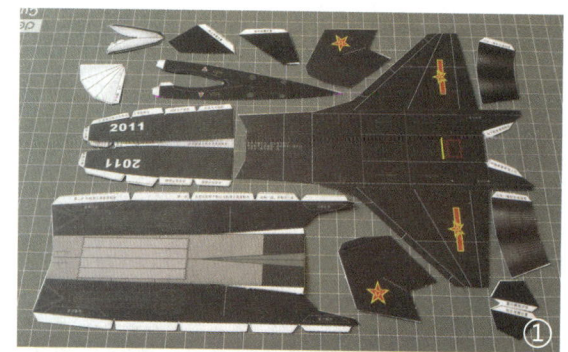

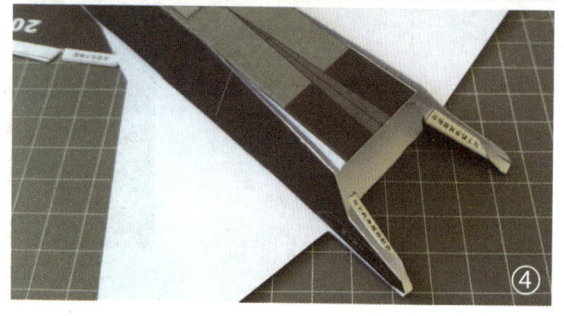

第三章 飞机和背后的故事

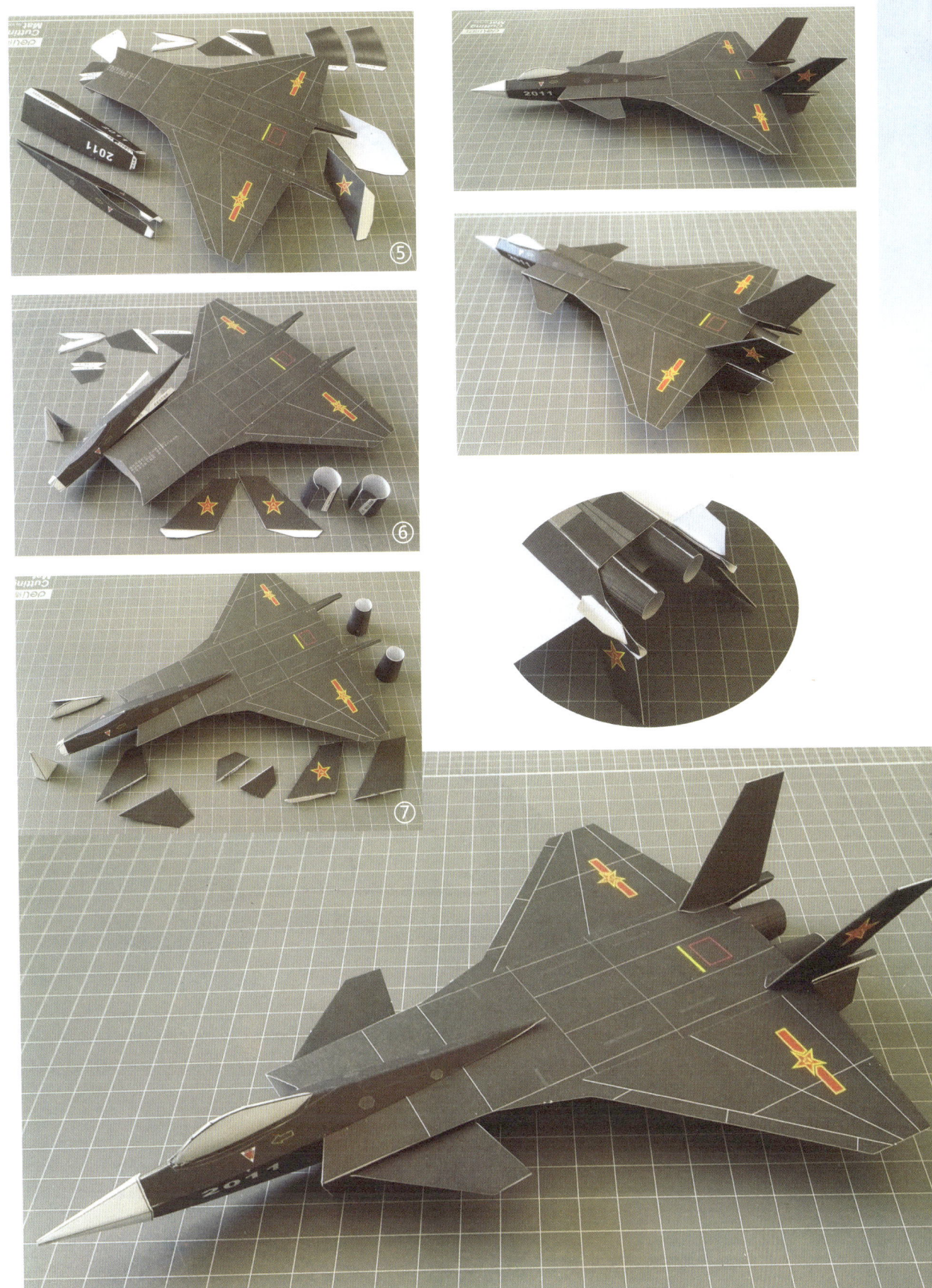

第八节 飞向世界的"枭龙"

FC-1 "枭龙"战斗机,是20世纪90年代末期,中国和巴基斯坦共同投资、航空工业成都飞机工业(集团)有限责任公司、成都飞机设计研究所、中国航空技术进出口公司等单位联合研制,巴基斯坦空军参与开发的全天候多用途战斗机。

FC-1 战斗机具有突出的中低空和高亚声速机动作战能力,较好的截击和对地攻击能力,较大的航程、留空时间和作战半径,优良的短距起降特性和较强的武器挂载能力。是一款优秀的三代半战机。

FC-1 战斗机是中国首次以整机技术出

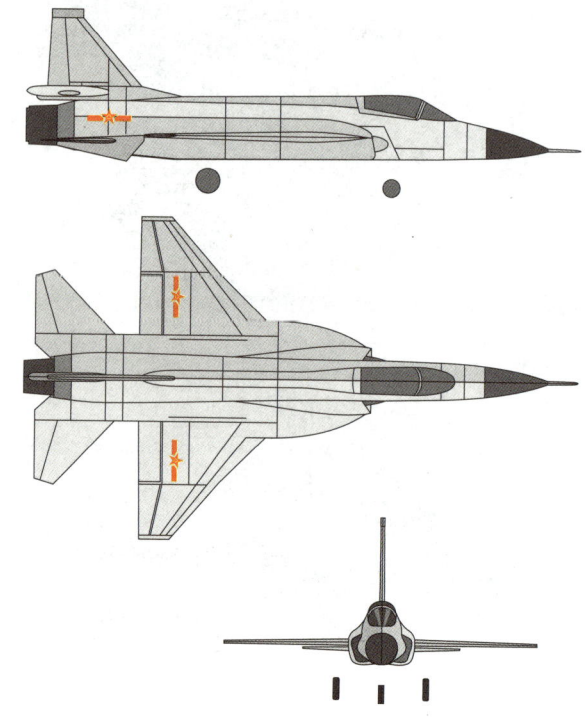

FC-1 "枭龙"战斗机三视图

口方式授权境外生产的机型，已批量装备巴基斯坦空军，并且多国有意向购买。

FC-1"枭龙"战斗机采用中等展弦比边条翼常规布局，机身采用超声速面积律，梁式与半硬壳式混合结构。单垂直尾翼，差动水平尾翼，双腹鳍，全翼展前缘襟翼和后缘襟翼。机翼、水平尾翼、垂直尾翼前缘后掠角均为 42°，大后掠角边条一直延伸到机身尾部，前三点起落架。座舱采用整体圆弧风挡、水泡形座舱盖和微爆索穿盖及"零-零"弹射救生系统，视野较好，弹射救生较可靠。

"枭龙"战机参加过实战，2019 年印度和巴基斯坦两国边境发生军事冲突。巴基斯坦的"枭龙"战斗机大显神威，击落了一架印度的苏-30 战斗机和一架米格-21 战斗机，还俘虏了 2 名飞行员，其中一名飞行员还是联队长。

巴基斯坦空军的 FC-1"枭龙"战斗机

在国际航展上的 FC-1"枭龙"战斗机

巴基斯坦空军 8 架 FC-1"枭龙"战机为中国领导人专机全程护航

卡通橡皮泥"枭龙"战机制作

制作卡通橡皮泥飞机，比例不一定精准，有时还要有夸张的成分，但飞机的显著外形特征一定要体现出来，比如枭龙飞机的鼓包式进气道和大的边条翼。制作时，我们故意缩短了机身，放大了座舱，并在座舱上贴上了一对大眼睛，使整个飞机立刻生动起来。

橡皮泥飞机的制作以及加装内部支撑的方法以前讲过，这里就不再赘述了。这里主要介绍一下橡皮泥的调色，和画画一样，可以用不同的颜料混合出需要的颜色。同样道理，如果用白色和黑色橡皮泥可以调出灰色，黑白比例不同，灰色的深浅也不一样。调色的方法是取两块不同颜色的橡皮泥，揉在一

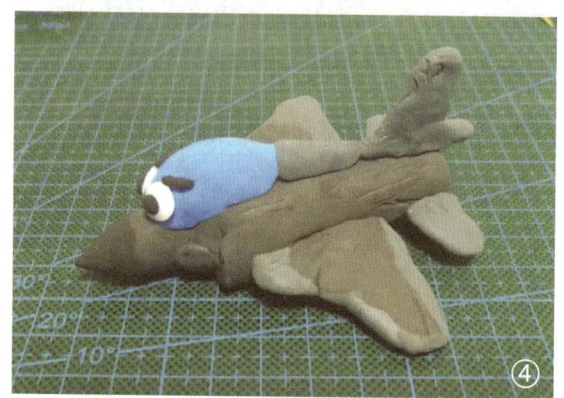

起，然后压成片状，折叠，然后再压，反复几次，直至颜色均匀。这里调出了两种灰度的橡皮泥，在浅色的机翼上补了深色的橡皮泥，用来模拟飞机的迷彩涂装。

魔术板"枭龙"战机制作

魔术板"枭龙"模型飞机,从套材上取下部件后,一定按照图示顺序进行预安装,如果顺序错了,可能会影响飞机质量和飞行效果。机身主体做好后安装两侧进气道,然后插入边条翼、机翼和尾翼。

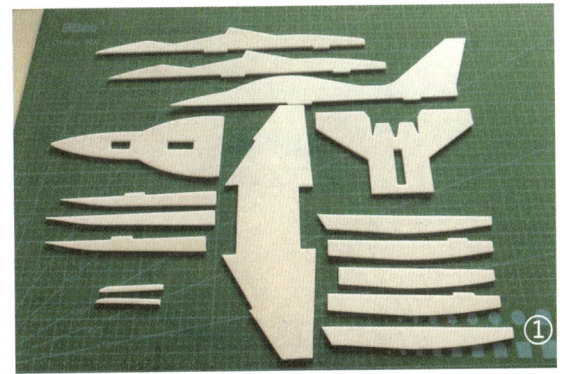
①

②

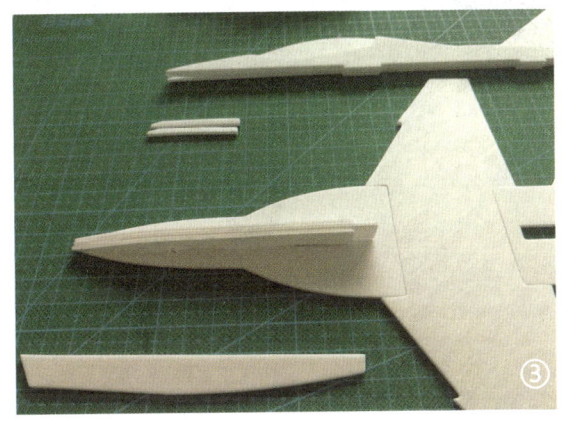
③

④

⑤

⑥

粘接的动作要准、要快,争取在酒精胶还没有完全干的时候做完,这样,如果什么地方歪了,还有机会可以调整,因为机身分层比较多,粘接时难免变形,所以粘接过程中要不断调整,最后,可以用细砂纸把机身的棱角打磨一下,使它看起来更圆滑。

第九节 轰 6 巡航

中国的轰 6 系列轰炸机是仿照苏联的图 –16 制造和改进的，后掠翼，两台发动机位于机身中部，前三点起落架。经过中国不断改进的轰 6 不仅可以使用常规炸弹，还可以携带制导武器，精确攻击地面和水面目标，有的飞机还被改装成空中加油机使用。

我们可以参考图 –16 的三视图来制作。观察了轰 6 飞机的布局及基本特征后，我们决定用一个长的圆筒来代替机身，用两个短的圆筒来代替发动机舱，然后把 3 个圆筒粘在一起，上面粘上后掠的机翼，尾部上面粘上尾翼。

轰油 6 正在为歼 10 空中加油

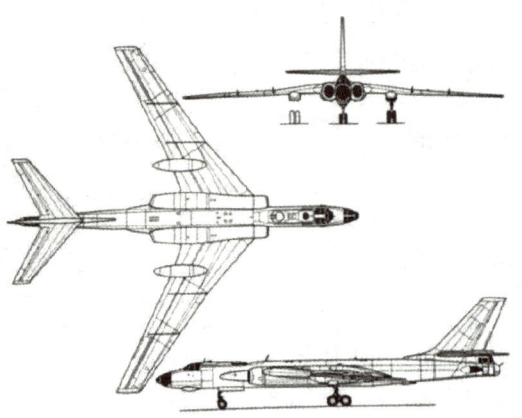

轰 6 中型轰炸机三视图

中国空军轰 6K 中型轰炸机

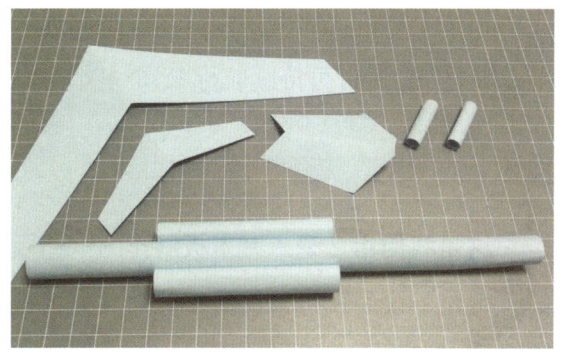
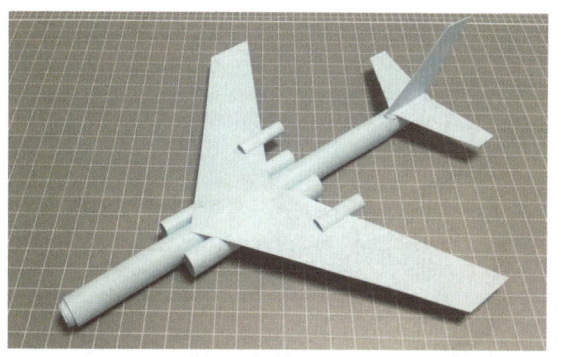

第十节 水上蛟龙——"鲲龙"

AG600"鲲龙"水陆两用是中国大飞机三剑客之一,是中国自行设计研制的大型灭火、水上救援水陆两栖飞机,是世界上在研最大的水陆两用飞机。

AG600"鲲龙"主要用于水陆两栖,拥有执行应急救援、森林灭火、海洋巡察等多项特种任务的功能。飞机采用了单船身、悬臂上单翼布局型式;选装4台WJ-6发动机,采用前三点可收放式起落架。这是中国新一代特种航空产品代表作。

总装车间力度 AG600"鲲龙"水陆两用飞机

从外观来看,机身下半部分是船体,机身上部才像常规的飞机气动布局,机翼两侧下放吊有两个浮筒,AG600是既能水上起飞又能陆地起飞,这种水陆两用飞机(水陆两栖飞机)优于单纯的水上飞机。

AG600"鲲龙"水陆两用飞机

正在陆上滑跑的 AG600

正在水上滑行的 AG600

飞机和水上飞机比比皆是，但飞行距离远不及"鲲龙"，后者可持续航行 12 个多小时。

魔术板"鲲龙"模型飞机制作

这是我们用 2 毫米魔术板制作的卡通版的"鲲龙"模型飞机，机身缩短并放大了机头，整个模型飞机看起来更加生动、有趣而不失"鲲龙"的风采，机身上的色彩为彩色打印机打印，看起来简洁明快，驾驶舱玻璃做了拟人化处理，更象一双犀利的大眼睛。

"鲲龙"模型飞机的做法还是沿用魔术板层叠造型的技法，这里就不再赘述了。

"鲲龙"可实现快速高效地扑灭森林火灾和及时有效地进行海难救护。"鲲龙"一次汲水 12 吨，时间不大于 20 秒，可在水面停泊实施救援行动，一次最多可救护 50 名遇险人员。

"鲲龙"的速度超过任何船只，比航速最高的船快 10 多倍。"鲲龙"从海南三亚出发，飞驰过两沙、南沙，绕过我国最南端的曾母暗沙，再返回原地只需 7～8 小时，而同样距离，现代快速船艇往往需要 3～4 天才能实现往返。除此之外，它的另一显著优势是飞行距离远。如今，小型灵活的两柄

魔术板"鲲龙"模型飞机

第四章
厉害了，无人机

第四章 厉害了，无人机

无人机从陌生到走进人众视线，直至许多人开始拥有并使用，仅仅是近几年的事情。我国是无人机生产大国，从玩具级别到消费级别的无人机，以及工业级别到军用级别的无人机，中国在生产、研发和使用上都名列前茅。然而，什么是无人机，无人机到底能干什么？许多人对此一知半解，本章带你走进无人机的世界一探究竟。

第一节 什么是无人机

我们这里说的无人机，是无人驾驶飞机，即 UAV（Unmanned Aerial Vehicle）。

真正的无人机应该满足至少三个条件：

（1）无人驾驶：飞机上没有驾驶员，无人机的控制人员在地面操作；

（2）自主飞行：无人机的大部分飞行动作是自动控制的，不需要人为操作；

（3）有任务载荷：即无人机一定要有完成特定任务的装备和能力。

大疆航拍无人机

"翼龙"Ⅱ无人机

第四章 厉害了，无人机

与有人驾驶飞机相比，无人机往往更适合那些重复、枯燥或危险的任务。按应用领域，无人机可分为军用和民用两类。军用方面，无人机分为侦察机、攻击机和靶机等。民用方面，无人机目前应用在航拍、农业植保、快递运输、灾难救援、观察野生动物、消防、监控、测绘、新闻报道、电力巡检等领域。

无人机在军用领域内有着非常广阔的前景，未来的战争正朝无人化发展，其原因就是无人机"守纪律"、不"疲劳"、不"怕死"。

无人机最早的军事用途可以追溯到二战期间，二战后随着科技的发展，无人机也开始了大量的使用和突飞猛进的发展。

因为无人机上没有人，所以可以省去座舱和生命保障系统，无人机可以做更大的机动动作而不用考虑人的身体承受极限，无人机可以超长时间飞行，因为地面控制人员可以轮流值守。

我国建国初期，经常有美制间谍无人侦察机窜犯大陆，窃取情报，就算经常被我军击落，但无人机上没有飞行员，损失的只是金钱和机器，但换回的是珍贵的资料和情报。

到后来，军用无人机不仅仅侦察，还装备了精确制导武器，形成察打一体的能力，发现目标后直接攻击。控制无人机的"飞行员"可能远在万里之外，毫无生命危险，这就使他更专注于发现、识别和攻击，而不用考虑自身安危。

中国"彩虹"无人机

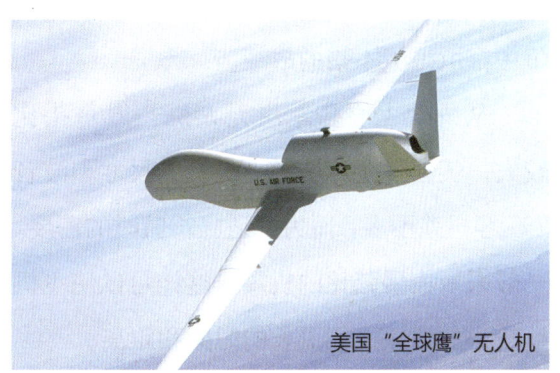
美国"全球鹰"无人机

消防无人机

警用无人机

无人机的这些特性使得它在现代战争中大放异彩。伊拉克战争和阿富汗战争中，都曾经出现过武装人员向盘旋在天空的无人机举手投降的场面，这是人类战争史上第一次人向机器投降。

我国的军用无人机发展也非常迅速，先后出现了"彩虹"系列和"翼龙"系列军用无人机，在国内的反恐和国外用户的局部战争中都取得了不错的战绩。

从外观上看，军用无人机一般个头比较大，美国"全球鹰"无人机的尺寸和波音737客机差不多，而为了适应长航时的需要，一般采取大展弦比的机翼，这样可以使飞机以较小的油耗飞行更长的时间和距离。

联翼模型无人机制作

下面我们来制作一架纸质联翼模型无人机，所谓联翼，是指前翼和后翼在翼尖处交连，这样的结构使飞机更坚固，而且翼尖的阻力会变小，机翼升力更大，而飞机的翼展并不会增大太多。我们制作的这架模型飞机没有动力，也没有电子设备，它只是一架外观类似无人机的纸模型飞机。也许将来某一天，当你的知识足够多，技术足够强，它会变成一架功能超强的真正的无人机。

首先，拆下套材中的各个部件，矫正一下变形的部分，把两个机身部件的粘口和尾

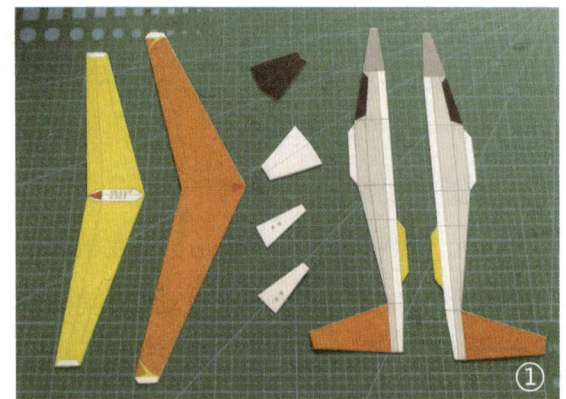

①

②

③

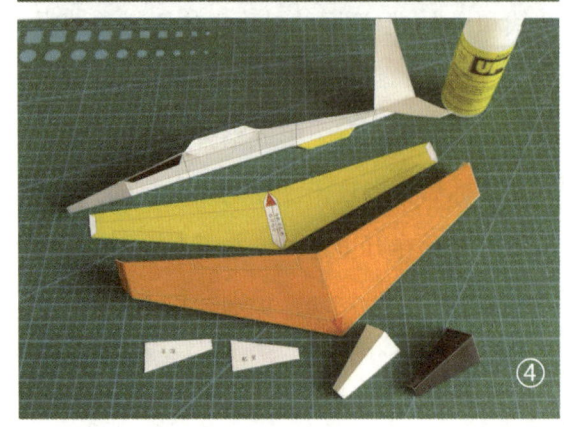

④

第四章 厉害了，无人机

翼按图折好，然后将两片机身对粘。

前翼和机头罩按图折好，先把后翼与机身后部粘口准确对齐粘好，再将两片机头罩套在一起，对齐粘好。注意，机头罩中心为空，不能粘死，之后要套在机头上。

前翼与机身及后翼的翼尖按图粘好，机头罩和配重片一起套在机头上。调整一下飞机对称性。注意，此飞机采用V形尾翼，两片尾翼的夹角为105°左右。

如果模型飞机做得正、直而且对称，在机头配重合适的情况下就可以滑翔了，调整一下各个舵面，就可以按照你的要求飞行了。

我们制作的这个模型飞机，就算安装上动力和控制系统，严格说来也不过是无人机的飞行平台，离真正的无人机还差很远。无人机的种类很多，我们制作的这个是固定翼的，无人机还有一大部分是旋翼类的，还有旋翼和固定翼结合的。所以，无人机是一个很值得研究的领域，无限的创新和发展机会等着你。

⑥

⑦

⑧

⑤

⑨

感知航空
——用双手触摸航空梦想

小型测绘无人机

农业植保无人机

快递物流无人机

玩具四轴"无人机"

第二节 无人机？航模？玩具？

在各式各样五花八门的无人机中，有一种以四旋翼飞行器为飞行平台的"无人机"近几年非常火爆，这种"无人机"的体型大到小轿车般大小，小到可以放在手心里，由4个电机驱动螺旋桨使它飞行，并且可以像直升机一样垂直起降、悬停、行进甚至倒飞。一时间，人们把这样的飞行器都称作无人机，其实这里面有很多误区。这其中有的是无人机，有的是航模，更多的是玩具，只是大家为了追求时尚或者利益，都愿意说自己的飞行器是无人机。而且无人机的定义来看，大家说的似乎也有道理。

从表面上看，四轴无人机、四轴航模和四轴玩具都是无人驾驶的，都有全球定位系统（GPS）和摄像头，好像也都有一定的自主飞行能力，带个摄像头好像也有了任务载荷。但这里，是否无人机的重要区别在于自主飞行的智能化程度和控制精度，任务载荷

的功能和用途，还有它们的工作距离和可靠性。

综上所述，我们可以进行这样的划分：

1. 工业级四轴无人机：工作可靠、持久，定位精度高，操控准确，工作距离远，质量大，设备精良，智能化、自动化程度高，价格昂贵。

公安、消防、测绘、农业植保和快递等无人机属于这一类别。

2. 消费级四轴无人机：工作可靠，定位精度高，操控准确，工作距离适中，飞行时间短，质量轻，尺寸小，设备精良，自动化程度高，价格较高。

航拍摄影类无人机属这一类别。

3. 航模级别四轴飞行器：工作可靠性一般，定位精度一般，操控准确，工作距离短，质量很轻，尺寸小，普通设备，基本是手动控制。

4. 玩具级四轴飞行器：飞行稳定，容易控制，工作距离近，质量轻，尺寸小，飞行时间很短，容易损坏，但价格便宜。

所以，从上面的分类可以看出，航模四轴飞行器和玩具四轴飞行器，虽然在性能上不如四轴无人机，但在某种程度上已经具备了无人机的一些特征。我们拆解开一台玩具四轴飞行器，可以看到密密麻麻的电路板，里面集成了遥控接收机、六轴电子陀螺仪、高度气压计、电子罗盘和GPS天线等电子模块，还有电机、电子调速器和动力锂电池。这些电子设备单独或者共同作用，操纵着四轴飞行器做出各种动作，完成飞行任务。

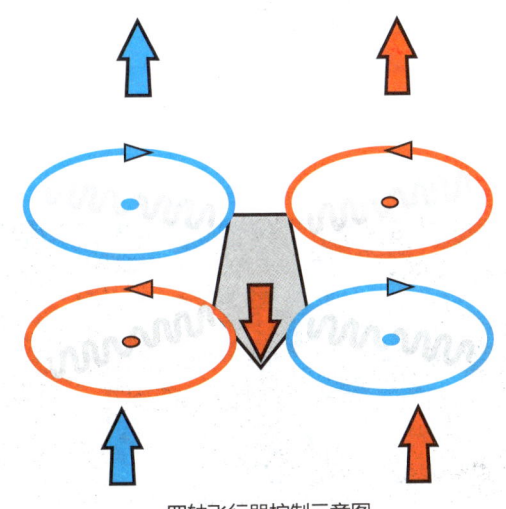

四轴飞行器控制示意图

四轴飞行器的控制操纵原理是这样的，相邻的两个电机的转向相反，并装有相应方向的螺旋桨，4个电机同时增加转速，飞行器上升，4个电机同时减速，飞行器下降；后面两个电机稍加速，前面两个电机稍减速，飞行器向前方飞，反之飞行器向后方飞；左边两个电机稍加速，右边两个电机稍减速，飞行器向右飞，反之则向左飞。当然，这一切控制都是在上面提到的电子设备的帮助下精准控制才能完成。

四轴飞行器能飞起来，全靠4个电机带动螺旋桨飞快旋转产生的推力，它没有机翼，一旦电机停转，飞行器就会掉落，没有滑翔能力，所以四轴飞行器可以垂直起降、悬停，但它不能滑翔，所以在飞行时消耗的能源较

垂直起降固定翼无人机

无人机群矩阵

无人机群灯光秀

多，不适合长时间、长距离飞行和工作。

而普通固定翼飞机虽然有很强的滑翔能力，飞起来也比四轴飞行器节省能源，但起飞和降落需要很长的跑道。为了解决这个矛盾，人们想出一个奇妙的办法：把四轴飞行器和固定翼飞机结合在一起，起飞和降落时用四轴模式，而平飞时用固定翼模式，这样既能做到垂直起降，又能做到高速、高效平飞，解决了城市中飞行场地不够的问题。飞机可以载着人类飞翔，而人们的奇思妙想又可以使飞行更高效、更便捷，更具有创造性。

随着网络技术的飞速发展，人们可以把几十甚至上千架无人机通过数据链组合成一个动态的整体，它们可以通过预先设置的程序，在空中组成绚丽的动态图案，而且还能不断变换，给我们的生活带来新的惊喜。

无人机的飞行安全

在我们享受无人机给我们带来的便利与惊喜的同时，无人机和航模的安全飞行问题绝对不能忽视。个别无人机爱好者不顾安全禁令，在机场附件和人员密集场所飞行，这些行为都有可能造成非常严重的后果。

飞行安全无小事，所以无论什么级别的无人机，都应该在合法的场地和空域内飞行和活动，如果有特殊要求，可以向空管部门报备申请。

第五章
民航知识小百科

第五章 民航知识小百科

前几章我们讲了很多飞机的故事，但大多数是关于军用飞机的，有些读者可能会觉得，军用飞机用于战争和国防，科技含量一定很高，而民航飞机只是用于人员和货物的运输，没有什么特别高的科技含量。如果你这样想，那就大错特错了。

波音 787 民航客机

第一节 图解民航飞机

民航飞机是指非军事用途的民用飞机，按用途不同，民用飞机又分为执行商业航班飞行的航线飞机和用于通用航空的通用航空飞机两大类。

空中客车 A380 民航客机

中国 C919 民航客机

第五章 民航知识小百科

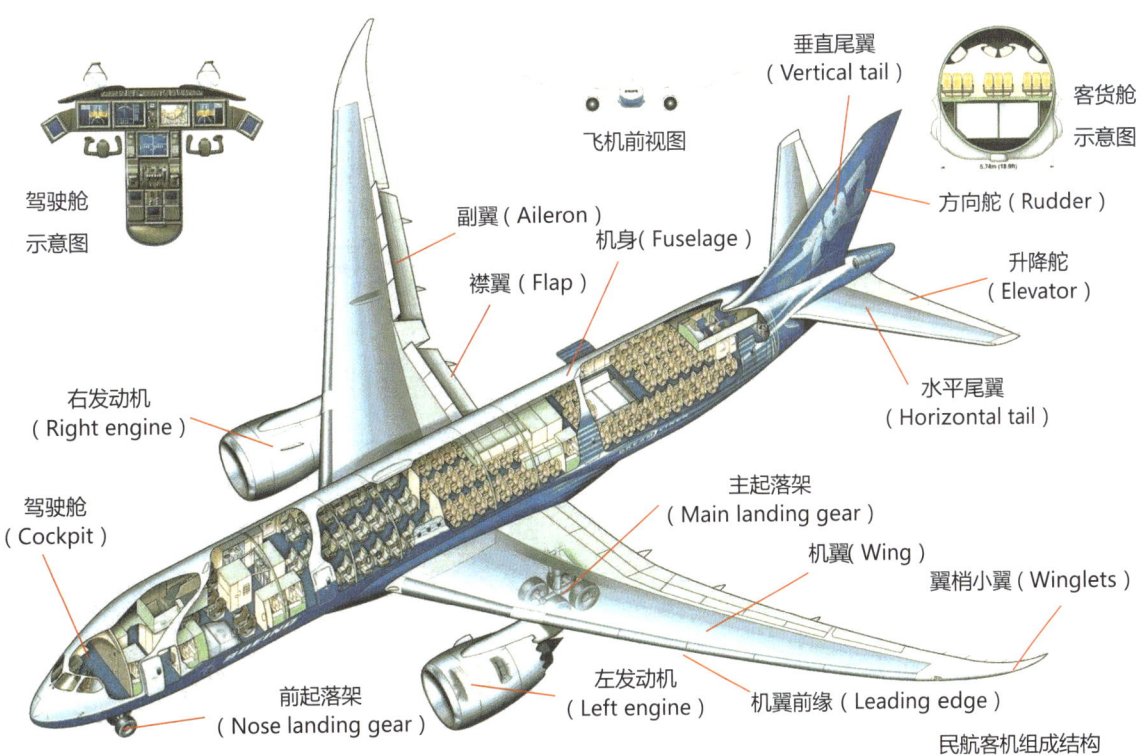

民航客机组成结构

　　民航客机是指体型较大、载客量较多的集体飞行运输工具，用于来往国内及国际的商业航班。民航客机一般由航空公司运营，主要分为干线客机和支线客机。目前，世界上最大的客机生产商主要有美国的波音公司和欧洲的空中客车公司。

　　通用航空，是指使用民用航空器从事公共航空运输以外的民用航空活动，包括从事工业、农业、林业、渔业和建筑业的作业飞行以及医疗卫生、抢险救灾、气象探测、海洋监测、科学实验、教育训练、文化体育等方面的飞行活动。

　　右图是通用航空飞机在喷洒农药和旅游观光飞行。

农业飞机在喷洒农药

旅游观光飞行

民用飞机尤其是客机，其技术水平一点也不比军用飞机低：首先，民航客机的乘客为普通人员，身体素质差异很大，不像空军飞行员，百里挑一、身体强壮，并经受过严格训练，所以民航客机必须具备一定的舒适性；其次，长途飞行还要考虑乘客的娱乐和休息；而且，民用航空市场竞争激烈，对安全性和经济性都有严格的要求。所以，民航飞机的科技含量一点也不比军用飞机低。

第二节 图解民航机场

现代的民航机场不仅是飞机起降的场所，它更是一座城市乃至国家的名片。各具特色的建筑、合理的功能布局、优良的设施、上乘的服务和便利的交通会给初次到访的旅客非常美好的印象，而这些只是我们普通人看到的现代民航机场的冰山一角。

民航机场是一个庞大而复杂的系统，有供飞机起降的跑道、滑行道和停机坪，供航行指挥管理的塔台，有供乘客使用的候机楼、休息室、商场、登机口和行李间等等。

这些都是我们能看得到的，而在这背后，为了保证机场的高效、安全运营，还有许多

民用机场卫星图片

第五章 民航知识小百科

机场摆渡车

飞机牵引车

飞机客梯车

飞机食品车

行李拖车

行李装卸车

机场消防车

飞机除冰车

机场油罐车

机场铲雪车

机场塔台飞行调度指挥室

机场旅客行李自动提取处

输,航线的开发和维护;民航机场是负责统一指挥管理各个航空公司在某地的飞行调度和飞机起降的场所。

我国的民航事业发展非常快,无论是飞机数量和质量、机场数量、服务水平、安全指标在世界上都名列前茅。中国民航10年重大事故率是同期世界水平的1/12。

飞机的事故率是所有交通工具中最小的,航空是远程交通最安全的方式,而且它正在变得越来越安全。30年前,重大事故的发生率为每飞行1.4亿英里一次,如今是14亿英里才发生一起重大事故,安全性提高了10倍。

有人觉得坐汽车或火车轮船比飞机安全,其实不然,据美国全国安全委员会对1993—1995年间所发生的伤亡事故的比较研究,坐飞机比坐汽车要安全22倍。事实上,在美国过去的60年里,飞机失事所造成的死亡人数比3个月里汽车事故所造成的死亡人数还要少。从某种意义上说,去机场的路上往往比坐飞机长途旅行要危险许多。

是我们普通人看不到的。例如,北京国际机场T3航站楼用于旅客行李运输的地下传送带有几十千米长。

当你坐在机舱中等待飞机起飞时,有无数人在为你服务,保障你着的安全。透过飞机舷窗可以看到偶尔掠过的各种车辆,你知道它们都是做什么的吗?下次坐飞机的时候,仔细观察一下,并向这些忠于职守的人们致以最真诚的敬意。

通过本节的简单介绍,应该明白了民航的大致体系:飞机公司是制造飞机的,他们负责飞机的研发、生产和不断改进;航空公司是负责运营飞机的,包括人员和货物的运

现在相信你对飞行更多的是期待和兴奋,而不是恐惧,那就准备开始我们的旅程吧。

第三节 乘机体验

乘飞机旅行是一件令人愉快的事情，尤其是对于喜欢航空的人来说，不仅可以快速到达目的地，而且在高空俯瞰大地，还可以感受到飞行员在飞行中的精湛技艺，观察飞机机翼上舵面的动作等。但在这之前，你要买一张靠窗的机票。

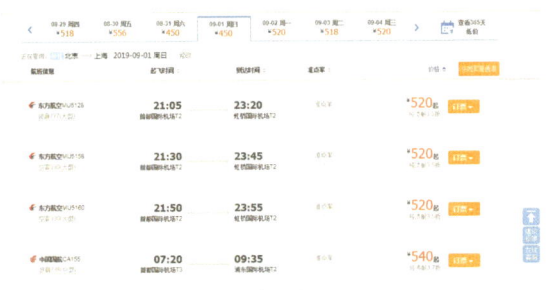

购买机票的网页

两种客机座位布局图

机票样本和信息

在互联网上购票很方便，输入目的地、乘机日期以及个人身份信息，选择合适的价格和具体时间，也许还需要选择飞机的机型和位置，付款后就可以准备行囊了。注意，不要携带危险品哦！

到了出行的日子，带着你的身份证件和行李，来到机场的候机大厅，先取得机票，然后找到你的航空公司窗口，托运你的行李，通过安全检查，找到对应的航班的登机口，时间一到，广播会通知你准备登机。如果实在弄不清楚这些流程，一定要及时询问机场的工作人员，以免耽误时间。

航空公司检票口及行李托运处

商务舱的高级座椅

经济舱的普通座椅

客机舷窗景色

按照空乘人员的引导，进入飞机客舱，按照机票上的座位号码，找到自己的座位。如果你购买的是头等舱或商务舱，会看到宽大的座椅和敞亮的空间，操作座椅边上的按钮，座椅的角度和形式会按照你的要求而改变，直至变成一张几乎放平的床。

如果你购买的是经济舱，同样有一张舒适可调的座椅等着你，只是空间会略显局促，而且如果你的座椅靠背角度调得过低可能会影响到后排的乘客。

民航客机的可调座椅

前方座椅后面有一个可以折叠的小桌板，供放置一些小物品，当然这也是旅行餐桌。在飞机起飞和降落期间，小桌板要收起来，座椅也要调直。这些事情，飞机上的广播和空乘人员都会提醒你的。

如果选到了靠窗的座位，这时你就可以欣赏窗外的美景，准备从空中俯瞰壮丽的河山了。在飞机起飞前，乘务人员会为你演示飞机中的安全救生设备的使用。希望你仔细听，并牢牢记住。

第五章 民航知识小百科

第四节 安全救生常识

一般情况下，飞机在滑行、起飞和降落阶段及空中颠簸阶段，"请系好安全带"的指示灯会亮起，这时候你应该按照要求系好安全带，而在飞机平飞巡航阶段可以解开安全带，毕竟这样可以舒服一些。但是为了防止飞机遇气流发生突然颠簸，建议你还是在就座期间全程系好安全带。

救生衣是在客机海上迫降的时候使用的，所以每个乘客都配备了救生衣。救生衣不只是作为漂浮辅助物来使用，而且救生衣颜色鲜艳（红色和黄色），让救援人员在空旷的地带很容易发现幸存者。红色救生衣供机组使用，黄色救生衣提供给旅客。同时，在低温、强风和冰雪覆盖的地区，救生衣还能起到一定的保暖作用。

一般民航飞机的飞行高度在万米以上，如果机舱出现破损、漏气，机舱内就会迅速失压并且流失大量氧气，会造成乘客缺氧、呼吸困难，这个时候就要马上使用自动弹出的氧气面罩了。

客机上除了登机门以外，还有专为紧急情况发生后才开启的应急出口。这里的空间大一些，以便乘客疏散，但千万不要私自触碰应急门上的设备，以免造成危险或损失。

由于大型客机比较高，登机门、翼上应

民航客机的安全带

民航客机的救生衣

民航客机的氧气面罩

民航客机的应急出口

客机的救生滑梯

首先,并不是每个乘客都能掌握跳伞技术;其次,民航客机是在高空高速飞行,与一般的跳伞运动和低空离机不同,即使发生意外,因飞机内外压力差也无法打开舱门跳伞。

如今,民航飞机的性能越来越先进,安全系数极高,因此乘客大可不必担心客机在飞行中会发生意外。

如果你实在需要一个降落伞来做心理安慰,那我们就自己做一个小降落伞吧。

降落伞小制作

取一块轻薄的一次性塑料桌布,把它裁成正八边形,直径约30厘米,做8根50厘米长的细线,用胶带把细线的一端粘在八边形的每一个角上,线的另一端拉齐,系在一起,然后下面系上一个重物。

急门离地面高度较高,而且旅客人数也较多,所以配备了滑梯这一应急设备。其主要作用就是在遇到紧急情况时保证机上所有的人员尽快撤离,并且尽可能减少伤害。

利用滑梯撤离客机,就和儿童在公园坐滑梯一样,滑梯自动充气后有一定的弹性和硬度,形成有一定角度的倾斜式滑道。人员顺着这个滑道可以从客机上滑下来,快速而安全地下降到陆地上。在水上的话,滑梯还可以作为漂浮物或者救生艇使用,可用作救生艇的滑梯,可以承载一定数量的旅客。

即便是这样,还是有人会担心飞行安全。你可能会想,为什么不给每个人都配一个降落伞呢?

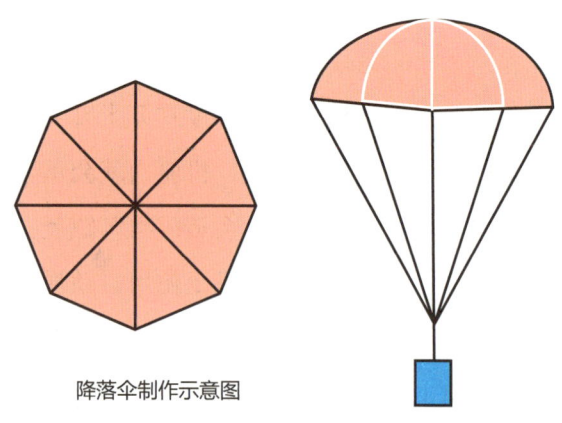

降落伞制作示意图

这样,一个简易的小降落伞就做好了,你可以把降落伞折在一起,然后抛向空中,降落伞就会张开,带着重物飘飘荡荡地降落下来。

第六章
畅想未来航空生活

第六章 畅想未来航空生活

飞翔,自古以来就激励着人们不断探索和创新,人类现在已经可以以飞翔的方式出现在地球的任何地方。飞机的出现和发展,使地球变小了,人们的距离不再遥远。

那么,未来的航空生活又是什么样子呢?现在就让我们凭借着已有的航空知识想象一下未来的航空生活吧。

第一节 未来民航客机

飞翼式巨型客机方案试验模型

从民航客机发展的轨迹来看,安全、快捷、经济和舒适一直是人们追求的目标。在20世纪,"协和"超声速客机就已经可以以2倍声速越洋飞行,只不过因为油耗和噪声等原因现在已经退出航空历史舞台,但新的高超声速大型客机方案正在逐步成熟,不久的将来,我们可以以6~7倍声速进行环球飞行,这意味着可以在几个小时内到达地球上大多数地方,乘客不必再忍受长途飞行的煎熬。

未来高超声速客机方案

民航客机越来越大也是一个趋势，这是降低飞行成本的高效办法。未来的巨型民航客机有可能是翼身融合式的大型飞翼布局，飞机内部有巨大的空间，与现在的A380客机同样翼展的未来飞翼式客机，可能会有A380客机2～3倍的载客量，这就意味着机票的价格有可能只是现在的一半。而且，由于新技术、新材料、新工艺和新能源的不断涌现，将来的航空旅行成本一定会比现在低很多。

当然，未来的航空生活不是仅仅追求高速和便宜，生活质量一定要考虑进去，如个人的爱好和特殊要求。在波音中国公司举办的"未来飞行器设计大赛"中，北京南磨房中心小学万子书同学提出了一个非常有意思的想法，她认为未来的航空旅行应该有一部分是个性化的，而且是共享模式的。

具体方案是：设计制造一种大型飞机，它的机舱是由多个外形标准化的汽车组合，这样，人们可以开着这样的汽车来到机场，

波音中国总裁在听取万子书同学未来飞行器设计说明

然后由机械把汽车组合到飞机上，在飞行中人们可以待在自己的私人空间中，而到达目的地后汽车又从飞机上卸下来，自由地开到各自的目的地。

这个方案获得了比赛的二等奖，波音中国公司的总裁还亲自听了万子书同学用流利英语做的方案说明。多么有意思的想法啊！个性空间＋共享飞行平台，说不定将来有一天真的会实现这样的奇妙的出行方式。

未来三体客机模型制作

下面我们来制作一架未来的三体客机模型，还记得上一章中我们讲的乘机体验吗？

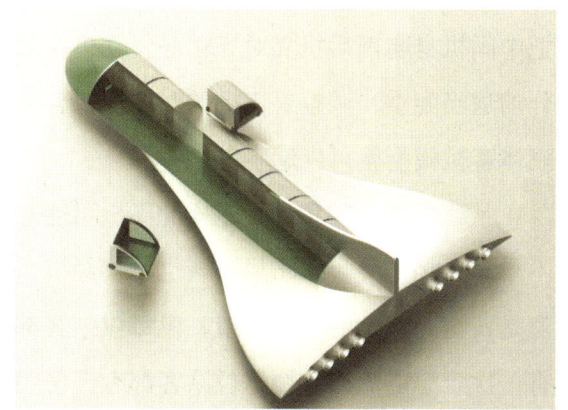

万子书设计的未来共享组合飞行器

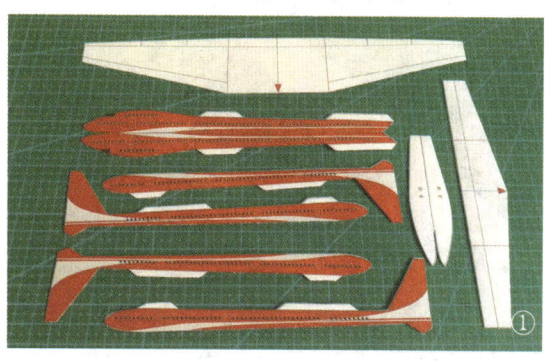

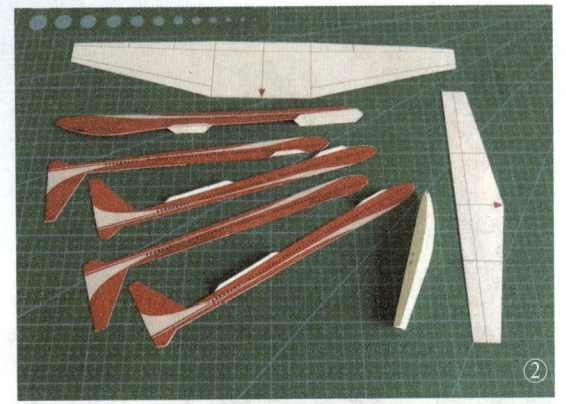
②

③

④

⑤

⑥

⑦

人们都希望坐在靠窗的位置，设计三个机身，每个机身都不太宽，这就满足了大多数乘客飞行途中从舷窗欣赏美景的需求。

首先，把三个机身分别对粘，事先要折出粘口，然后把主机翼和两侧机身对齐粘好，再把前翼与两侧机身对齐粘好。最后一步是把中间机身与前后机翼对齐粘好，在机头部分加适当配重，调整好飞机的对称性，未来三体客机模型就可以起飞啦。

从飞机设计的角度，这样的飞机可能并不科学，相比飞翼式布局应该也不够经济，但是，这是我们的一个愿望，愿每位乘客都有一次难忘的旅程，愿每位乘客都有一份美好的航空生活记忆！

第六章　畅想未来航空生活

第二节　未来个人航空出行

现在的城市道路已经拥挤不堪，在不久的将来，天空给城市交通提供了广阔的空间，时尚的年轻人骑着电动飞行摩托（四轴飞行器），风驰电掣地飞行在规划好的不同高度的空中航线上，大家互不干扰，交通有序，再也不用担心上班迟到啦。

我国研制的地效飞行器

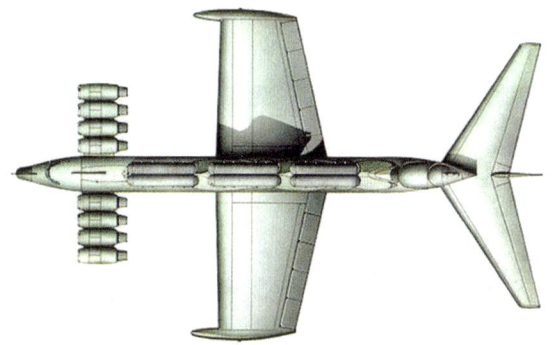

俄罗斯研制的"里海怪物"地效飞行器

四轴飞行摩托车

地效飞行器除了机翼、机身产生的升力外，在机翼与地面或水面之间还能产生一股向上的升力。这股升力能轻而易举地托举飞机离开地面或水面。地效飞行器在水面以上1～10米高度的空间低空飞行，飞行时，它完全脱离水面，航速可与直升机媲美。

未来的海运，巨型地效飞行器会逐步取代现在的轮船，它航速快、效率高，现在一个月的运输周期，未来几天就可以到达。因为脱离水面航行，可以避开暗礁和沉船带来的危险，现在需要绕道的航线，未来可以直飞过去。还有就是它完全可以避开海盗的袭扰，因为如此高的航速，海盗们的快艇是无论如何也难追上的。

四轴飞行空中轿车

折叠后四轴飞行空中轿车

以后的出租车也是四轴或多轴飞行器模式的，完全自动驾驶，不需要司机，只要进行预约，不一会儿飞机就来接你了，"飞的"的计费方式是：飞行距离 × 体重系数 × 单价，所以在未来"大胖子"坐飞机是要比一般人贵的。

以后的家长自然不用再到学校接送孩子，无人"出租车"会准时来接学生上学，然后再准时送回，这样家长们就有更多时间高效地工作，而不是把时间浪费在路上。

第三节 未来航空快递

不是在未来，现在就有用飞机送快递的，只不过飞机快递还没有那么普及，未来的航空快递也同样是无人化的，再也没有快递员来敲门，有的只是你家窗台无人机停机坪上快递无人机轻轻放下的包裹。

未来的楼顶会是非常繁忙的地方，快递公司把这里作为物流集散中心，大型垂直起降无人机把货物运输到这里，然后再有小一些的无人机分别派送给各个客户。

一张流动的网笼罩着未来的城市，大大小小的无人机穿梭在规定的物流航线上，高效而清洁，这样的未来航空生活，你，准备好了吗？

关于未来的航空生活，我们尽可以大胆地去想象，现在一切不方便、不快捷的问题，

快递无人机

未来的楼顶将成为快递物流基地

国际航联航空绘画大赛获奖作品（张北树儿湾小学张悦）

将来都可以从"天上"找到答案。而关于未来更多的幻想，我们还是把它交给孩子们天真的彩色画笔和想象吧！

第七章
航空科普在校园

第七章 航空科普在校园

对于中小学来说，航空模型是航空科普的重要载体，航模是经典的科技体育项目，深受广大青少年喜爱。不像一般的数学题，只有对错之分，学生航模的制作和试飞过程中，会不断地自己发现问题，进而解决问题，面临更多的是取舍、抉择和创新，这个过程其实就是对将来他们进入社会投入工作后的真实模拟。而航模给他们带来的爱国主义和国防教育，也会伴随着他们为建设祖国而奋斗。

下面，我们就介绍几个航模活动开展得非常有特色的中小学，希望对大家有所启发。

心有翼，自飞翔

南磨房中心小学的航空科普活动开展得丰富多彩，他们的要做的不是把几个尖子学生推上比赛的领奖台，而是在全校范围广泛地开展航空科普教育。在那里，航模是必修课。

他们这种重教育、重科研、促比赛的理念得到了许多航空界和教育界专家的认可，我国著名飞机设计师、中科院、工程院院士顾诵芬先生非常重视这所学校的发展，亲笔为他们题字，并委托沈阳航空航天大学为南

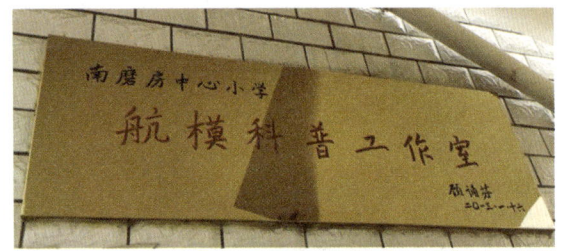

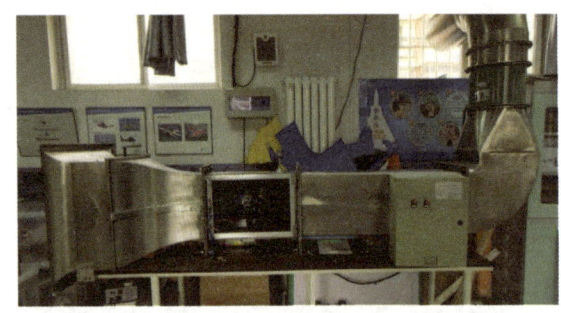

沈航赠送的用于演示和简单研究用的模型风洞

同学们在讨论创意大飞机设计方案

磨房中心小学定制了一台用于演示和简单研究用的模型风洞。

在学校领导的大力支持下,杨伟枫老师成立了航模工作室,积极研发各种适合学生的航模课程和活动项目。他们研发的"创意大飞机"项目,是在学生有了一定的航空模型知识和动手制作能力后,让学生自己设计,用 KT 板制作自己的大飞机,教师只提供一些必要的帮助,其余完全由学生做主。然后学生自己试飞和改进,最后参加学校的大飞机飞行距离比赛。这个项目因其创新性强,先后被北京市朝阳区指定为航模区赛项目和波音放飞梦想比赛项目。

南磨房中心小学有个著名的"航空节",一般选在"六一"前夕,学校会请来著名的航空专家和友好学校的代表,来和孩子们见面交流,同学们举着自己制作的五花八门的大飞机参加航空节开幕式,场面非常壮观。

南磨房中心小学注重年轻航模科技教师的培养,有经验的老教师对年轻教师进行传帮带,使年轻教师迅速成长,为学校科技教育的持续发展铺平道路。他们还特别重视对

航空节上的创意大飞机展示

学生体验遥控电动像真模型飞机歼15的操纵

外交流合作,先后与河北张家口张北树儿湾小学,山东枣庄台儿庄实验小学,河北唐山迁西第一、第三实验小学和北京市昌平巩华中心小学等以航模为基础建立校际合作,带动了一批学校共同发展。

友好学校张北树儿湾小学的航空绘画作品展示

学生送给老师的教师节礼物

老教师和青年教师交流教学经验

感知航空
——用双手触摸航空梦想

航空报国，传承理想

北航实验学校隶属于北京航空航天大学，坐落在北航大学校园内，借助北航的优势资源，航模及航空科普理所当然成了这个学校的特色之一。

北航实验学校一方面在专业的航模国内和国际比赛取得了优异的成绩，同时也不放松对大部分学生的航空科普教育。

2019年学校在初中学生中开办了非常有特色的"中英双语纸飞机梦工厂"课程，教师用英语讲解航空科普知识，并辅导学生制作和试飞相应的模型飞机，学生用英语交流制作技法和心得，在双语航模课上不仅学会了航空知识和航模技法，还锻炼了英语听力、口语表达，深受学生喜爱。

课是用英语讲的，但授课内容中包含了许多爱国主义和国防教育内容，比如抗日战争期间的P-40战斗机、中国空军"八一"飞行表演队的歼10飞机等。

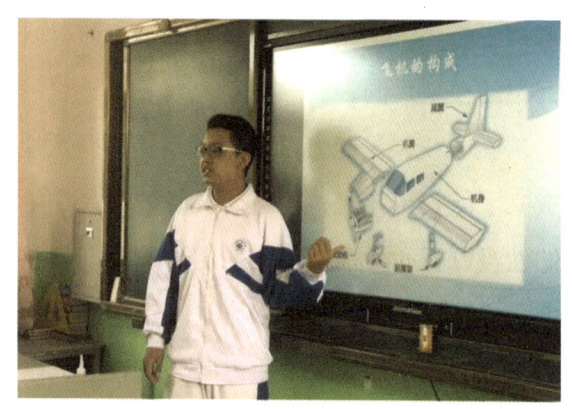

北航实验学校学生侯亦宁在给当地学生讲解航空知识

学校还特别注重培养学生的社会责任意识，组织学生利用自己的航空知识，到对口帮扶的山西中阳县学校进行扶贫活动。学生们在航空科普课堂上当起了"小老师"，向当地学生传授航空知识，讲解航空模型制作方法，并和当地学生一起制作、调试模型飞机，一起放飞梦想。"扶贫先扶志"，学生们并不是捐钱买个书包铅笔盒那么简单，他们身体力行，走到了扶贫支教的第一线，用自己的知识回报社会，给贫困地区的学生带去了欢乐和希望。

每年的五六月，是初三和高三学生临近

中英双语航模课

学生制作歼10纸模型飞机

学生制作P-40纸模型飞机

考试的季节，学生们最后的拼搏往往伴随着一些焦虑和怅惘，是最需要安慰的时候。北航实验学校从校长、教师到学生动员起来，为中高考学生送爱心，减压力。学校统一印制了"祝福纸飞机"，由学生叠好，送给初三和高三学生，并陪他们一起放飞带有全校师生真诚祝福的纸飞机。收到祝福的学生在紧张的备考期间由于这份意外的惊喜激动不已，温暖而有趣的礼物舒缓了他们的情绪，而祝福的话语又激励他们更加努力拼搏。

北航实验学校以人为本，从学生出发，以航模为抓手，教育学生、造福学生，把航模教育提上了崭新的高度。

帮学生的理想插上翅膀

对外经贸大学附中的学生社团活动开展得丰富多彩，而航模社团是学生们非常喜欢的社团之一，鉴于航模活动专业性较强、知识面广、学生需接受长时间训练等特点，学校领导果断地将分属于不同校区的高中和初

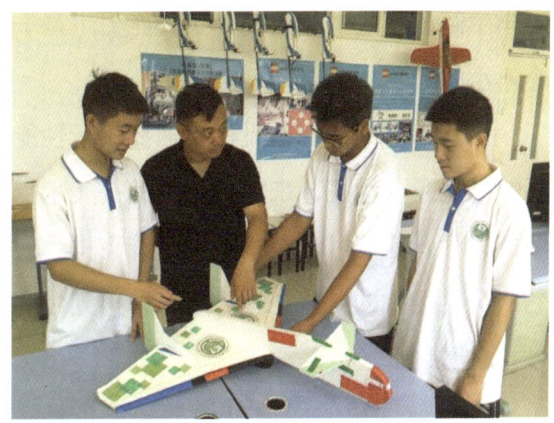

学生在讲解载重创意大飞机设计方案

学生中、高考前参与纸飞机放飞，放松心情

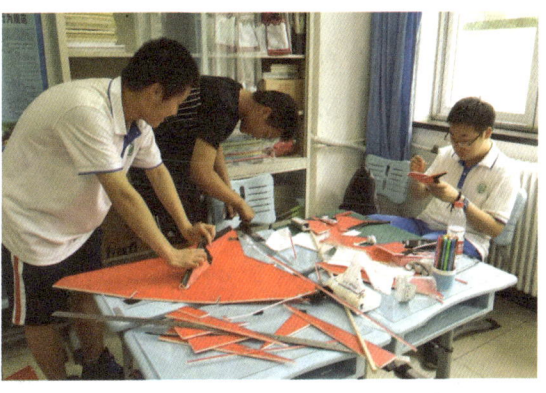

学生在制作载重创意大飞机

中航模社团合并，利用周末进行学习和训练，解决了设备和师资的问题，同时给学校航模队的长期稳定发展带来了生机。

学校特别注意把学生对航模的兴趣与课本知识融合，在参加创意大飞机载重飞行比

北航实验学校的祝福纸飞机

赛的过程中，学生必须设计出一种不需要额外增加较多配重的飞机，而载重飞行和空载飞行都要性能稳定，并且载重飞行时飞机要承受较大的重量，结构强度必须能够保证。学生在教师的指导下画图、制作、试验、修改和优化，这个过程需要用到受力分析、平面几何、立体几何等数学和物理知识，同时对学生测量、记录和比较等实验能力也是一个不小的考验。

当然，参加比赛的飞机不但要飞行性能好，外观还要漂亮，来帮忙的自然是美术社团的同学，他们用色彩和图案装饰飞机，使它成为赛场上的一道亮丽的风景，得到参赛师生的赞许。

学校航模队的同学也经常利用自己手中"高大上"的设备，帮助其他社团同学解决他们认为不可能完成的任务。学校的环保社团想测量PM2.5的垂直分布数据，航模队的四轴飞行器大显身手，它搭载了微型

学生在检查即将执行测量任务的"无人机"

PM2.5记录仪器，摇身一变成了"无人机"，利用GPS定位，在学校操场垂直起飞、降落后，读取记录仪器的数据，然后和四轴飞行器飞控高度数据进行对接，一套PM2.5垂直分布数据完成了。通过学生社团合作的实验，荣获了北京市学生创新大赛一等奖。

电动遥控滑翔机比赛

参加北京市青少年航空航天模型比赛

校园航模培植爱国主义情怀

北京东铁匠营第一小学的航模活动在周边地区有较大的影响力。在教学中他们特别注意把航模和爱国主义、国防教育相结合。"辽宁"号航空母舰和歼15舰载机的故事是每个学生都非常熟悉的。课程最后举行歼15着舰比赛，再现惊险的着舰场面。

东铁匠营一小还有一个特色就是把道德与法治课程和航模课相结合。在讲述抗日战争这段历史的时候，他们设计了一节"飞跃驼峰"的课程，学生们是在航模教室上课。利用学校的航模飞机，学生们可以更直观地感受到当时的场景，从而加深记忆，本来离孩子们遥远的历史，一下子被拉到眼前。

这个课程后来成为教育部门的品牌推广课程，每年都会有大批教师前来观摩。

香港一所小学的师生来参观访问时看到东铁匠营一小的航模教室，并听了教师和学生的航空科普讲授，都非常羡慕，同时感受到祖国的伟大与强盛，爱国之情油然而生。

教师讲解歼15和"辽宁"号航空母舰

学生在进行歼15模拟着舰比赛

学生在为来参观学习的教师讲解二战飞机

学生自己查找中国空军战机资料，现场讲解

教师讲解抗战期间驼峰航线的故事

父兄的荣耀照亮我们前程

成都市成飞小学坐落于航空城——成都市青羊黄田坝成飞社区。这里有成都飞机工业（集团）有限责任公司、成都飞机设计研究所、成飞民机公司等著名的航空企业。航空城浓郁的航空文化与"航空报国，追求卓越"的航空精神不仅激励着"成飞娃"健康成长，也为学校以航空为特色的科技教育蕴育了良好土壤。

学校逐步构建的"创意航模、仿真飞机模型、无人机"等科技教育课程体系，为学生创新能力培养开辟了一条绿色通道！

成飞的专家和空军的飞行员经常来成飞小学讲课，学校也会组织学生到成飞或其他航空科技院所参观学习，学生们还会在社区进行航空科普宣传活动，把自己的航空知识传播给大家。

学生回到家里，经常自豪地告诉在成飞工作的父母：今天我们学校的"歼10"产量已经超过你们啦。

成飞小学学生参加歼 10 首飞 20 周年纪念活动

飞跃冬奥，梦想启航

张家口的崇礼是 2022 年冬奥会的滑雪项目主赛场，崇礼西湾子小学不仅冰雪运动开展得很好，他们的航模近两年也有了快速的发展。

从西湾子小学毕业的邢爱国听说母校搞起了航模队，立即向学校捐赠了一架大型像真歼 10 涵道风扇喷气模型飞机，学生们在老师的带领下精密安装、仔细调试，模型飞机试飞滑跑时学生们激动得跳跃欢呼。

学校投入大量资金的航模队活动室不仅是周边学校领导、科技教师来参观取经的课堂，更是本校学生心中的圣地，许多由于名额和年龄限制不能参加航模队的学生，只有

准备进行飞行表演的航模队员

在课间扒着窗户往里看，都希望有朝一日能成为学校航模队的一员。

西湾子小学航模队的师生不仅在全国、省、市的航模比赛中取得了骄人的战绩，他们有一个更大胆的想法：把航模和冰雪运动相结合，创造一种崭新的运动表演项目，边滑雪边遥控飞机，飞机和滑雪的航模飞机操控者同步冲过终点。祝福他们梦想成真，也许在冬奥会的赛场上，真的能出现他们矫健的身影。

周边学校科技教师前来参观

孩子们收到毕业校友捐赠的歼 10 模型飞机

后 记

航模教育家王祖峻老先生曾经总结过航模的三大功能：教育功能、竞赛功能、娱乐功能。

针对航模的功能和特点，我们还特别注意把爱国主义教育和国防教育融入航模活动中，使学生在科技活动中感受到国家与个人的关系，解决了青少年政治教育枯燥乏味的问题。

本书出现的所有航模作品和课程都是在学校、社区中经过长期应用的，深受青少年喜欢和有教育意义。

参与本书编写教师：都炜、范建华、付宗智、高铭华、郭东生、郭庆、韩玉、华鞲、兰学渊、雷铁甲、李毅、骆刚、任立春、孙建水、王广新、王文、杨伟枫、杨晔、于涛、张海龙、张萍、张树林、赵勇刚、郑翔。感谢所有参与编写的一线航空科普教师提供图片和文字资料。

感谢空军专家王旭东教授对本书编写提供的大量信息和帮助意见。

感谢热爱和参与航模活动的同学们！

杨 炟

2019 年 9 月